人生的梦想

RENSHENG DE MENGXIANG

人生大学讲堂书系

人生大学活法讲堂

拾月　主编

主　编：拾　月
副主编：王洪锋　卢丽艳
编　委：张　帅　车　坤　丁　辉
李　丹　贾宇墨

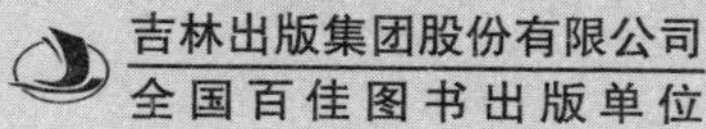

图书在版编目（CIP）数据

人生的梦想 / 拾月主编. -- 长春 : 吉林出版集团股份有限公司, 2016.2（2022.4重印）
（人生大学讲堂书系）
ISBN 978-7-5581-0735-1

Ⅰ. ①人… Ⅱ. ①拾… Ⅲ. ①成功心理－青少年读物 Ⅳ. ①B848.4-49

中国版本图书馆CIP数据核字（2016）第041341号

RENSHENG DE MENGXIANG

人生的梦想

主　　编　拾　月
副 主 编　王洪锋　卢丽艳
责任编辑　杨亚仙
装帧设计　刘美丽

出　　版　吉林出版集团股份有限公司
发　　行　吉林出版集团社科图书有限公司
地　　址　吉林省长春市南关区福祉大路5788号　邮编：130118
印　　刷　鸿鹄（唐山）印务有限公司
电　　话　0431-81629712（总编办）　0431-81629729（营销中心）
抖 音 号　吉林出版集团社科图书有限公司 37009026326

开　　本　710 mm × 1000 mm　1 / 16
印　　张　12
字　　数　200 千字
版　　次　2016 年 3 月第 1 版
印　　次　2022 年 4 月第 2 次印刷

书　　号　ISBN 978-7-5581-0735-1
定　　价　36.00 元

“人生大学讲堂书系”总前言

昙花一现，把耀眼的美只定格在了一瞬间，无数的努力、无数的付出只为这一个宁静的夜晚；蚕蛹在无数个黑夜中默默地等待，只为了有朝一日破茧成蝶，完成生命的飞跃。人生也一样，短暂却也耀眼。

每一个生命的诞生，都如摊开一张崭新的图画。岁月的年轮在四季的脚步中增长，生命在一呼一吸间得到升华。随着时间的推移，我们渐渐成长，对人生有了更深刻的认识：人的一生原来一直都在不停地学习。学习说话、学习走路、学习知识、学习为人处世……“活到老，学到老”远不是说说那么简单。

有梦就去追，永远不会觉得累。——假若你是一棵小草，即使没有花儿的艳丽，大树的强壮，但是你却可以为大地穿上美丽的外衣。假若你是一条无名的小溪，即使没有大海的浩瀚，大江的奔腾，但是你可以汇成浩浩荡荡的江河。人生也是如此，即使你是一个不出众的人，但只要你不断学习，坚持不懈，就一定会有流光溢彩之日。邓小平曾经说过：“我没有上过大学，但我一向认为，从我出生那天起，就在上着人生这所大学。它没有毕业的一天，直到去见上帝。”

人生在世，需要目标、追求与奋斗；需要尝尽苦辣酸甜；需要在失败后汲取经验。俗话说，“不经历风雨，怎能见彩虹”，人生注定要九转曲折，没有谁的一生是一帆风顺的。生命中每一个挫折的降临，都是命运驱使你重新开始的机会，让你有朝一日苦尽甘来。每个人都曾遭受过打击与嘲讽，但人生都会有收获时节，你最终还是会奏响生命的乐章，唱出自己最美妙的歌！

正所谓，“失败是成功之母”。在漫长的成长路途中，我们都会经历无数次磨炼。但是，我们不能气馁，不能向失败认输。那样的话，就等于抛弃了自己。我们应该一往无前，怀着必胜的信念，迎接成功那一刻的辉煌……

感悟人生，我们应该懂得面对，这样人生才不会失去勇气……

感悟人生，我们应该知道乐观，这样生活才不会失去希望……

感悟人生，我们应该学会智慧，这样在社会上才不会迷失……

本套“人生大学讲堂书系”分别从“人生大学活法讲堂”“人生大学名人讲堂”“人生大学榜样讲堂”“人生大学知识讲堂”四个方面，以人生的真知灼见去诠释人生大学这个主题的寓意和内涵，让每个人都能够读完“人生的大学”，成为一名“人生大学”的优等生，使每个人都能够创造出生命中的辉煌，让人生之花耀眼绚丽地绽放！

作为新时代的青年人，终究要登上人生大学的顶峰，打造自己的一片蓝天，像雄鹰一样展翅翱翔！

“人生大学活法讲堂”丛书前言

“世事洞明皆学问，人情练达即文章。”可见，只有洞明世事、通晓人情世故，才能做好处世的大学问，才能写好人生的大文章。特别是在我们周围，已经有不少成功的人，他们以自己取得的骄人成绩向世人证明：人在生活面前从来就不是弱者，所有人都拥有着成就大事的能力和资本。他们成功的为人处世经验，是每个追求幸福生活的有志青年可以借鉴和学习的。

幸运不会从天而降。要想拥有快乐幸福的人生，我们就要选择最适合自己的活法，活出自己与众不同的精彩。

事实上，每个人在这个世界上生存，都需要选择一种活法。选择了不同的活法，也就选择了不同的人生归宿。处事方式不当，会让人在社会上处处碰壁，举步维艰；而要想出人头地，顶天立地地活着，就要懂得适时低头，通晓人情世故。有舍有得，才能享受精彩人生。

奉行什么样的做人准则，拥有什么样的社交圈子，说话办事的能力如何……总而言之，奉行什么样的“活法”，就有着什么样的为人处世之道，这是人生的必修课。在某种程度上，这决定着一个人生活、工作、事业等诸多方面所能达到的高度。

人的一生是短暂的，匆匆几十载，有时还来不及品味就已经一去不复返了。面对如此短暂的人生，我们不禁要问：幸福是什么？狄慈根说：“整个人类的幸福才是自己的幸福。”穆尼尔·纳素夫说：“真正的幸福只有当你真正地认识到人生的价值时，才能体会到。”不管是众人的大幸福，还是自己渺小的个人幸福，都是我们对于理想生活的一种追求。

要想让自己获得一个幸福的人生，首先就要掌握一些必要的为人处

世经验。如何为人处世，本身就是一门学问。古往今来，但凡有所成就之人，无论其成就大小，无论其地位高低，都在为人处世方面做得非常漂亮。行走于现代社会，面对激烈的竞争，面对纷繁复杂的社会关系，只有会做人，会做事，把人做得伟岸坦荡，把事做得干净漂亮，才会跨过艰难险阻，成就美好人生。

那么，在“人生大学”面前，应该掌握哪些处世经验呢？别急，在本套丛书中你就能找到答案。面对当今竞争激烈的时代，结合个人成长过程中的现状，我们特别编写了本套丛书，目的就是帮助广大读者更好地了解为人处世之道，可以运用书中的一些经验，为自己创造更幸福的生活，追求更成功的人生。

本套丛书立足于现实，包含《生命的思索》《人生的梦想》《社会的舞台》《激荡的人生》《奋斗的辉煌》《窘境的突围》《机遇的抉择》《活法的优化》《慎独的情操》《能量的动力》十本书，从十个方面入手，通过扣人心弦的故事进行深刻剖析，全面地介绍了人在社会交往、事业、家庭等各个方面所必须了解和应当具备的为人处世经验，告诉新时代的年轻朋友们什么样的“活法”是正确的，人要怎么活才能活出精彩的自己，活出幸福的人生。

作为新时代的青年人，你应该时时翻阅此书。你可以把它看作一部现代社会青年如何灵活处世的智慧之书，也可以把它看作一部青年人追求成功和幸福的必读之书。相信本套丛书会带给你一些有益的帮助，让你在为人处世中增长技能，从而获得幸福的人生！

第 1 章　做个梦想家

第2章　规划梳理梦想

目录

Contents

目录 Contents

第5章 时机成就梦想

目录 Contents

第6章　激情超越梦想

第1章

做个梦想家

如果人生没有目标，就好比人陷在黑暗当中，不知道哪里才是方向。人生要有目标，一辈子的目标、一个时期的目标、一个阶段的目标、一个年度的目标，或是一个月份的目标、一个星期的目标、一天的目标……一个人追求的目标越高、越直接，他进步就会越快，对社会也就会越有益。有了崇高的目标，再加上矢志不渝的努力，没有什么不能成为现实。

第一节　梦想照亮多彩人生

俗话说："不想当将军的士兵，不是好士兵！"没有到不了的目的地，就看你长没长一双梦想的翅膀。没有做不到，只有想不到，即使你现在两手空空，但如果从始至终怀揣着雄心壮志，你就不是一无所有。怀揣着梦想，在人生旅途上精疲力竭时，你就可以随时充饥。

梦想＋努力＝成功

古时候，一位父亲领着两个年幼的儿子在农场上玩耍。这时，一群大雁叫着从他们的头顶上飞过，并很快消失在远方。小儿子问他的父亲："大雁要往哪里飞？""它们要去一个温暖的地方，在那里安家，度过寒冷的冬天。"他的大儿子眨着眼睛，羡慕地说："要是我们也能像大雁一样飞起来就好了，那我就要飞得比大雁还要高。"小儿子也对父亲说："做个会飞的大雁多好啊！可以飞到自己想去的地方。"

父亲沉默了一下，然后对两个儿子说："只要你们想，你们也能飞起来。"两个儿子试了试，并没有飞起来。他们用怀疑的眼神看着父亲。

父亲说："让我飞给你们看。"于是他飞了两下，也没飞起来。父亲肯定地说："我是因为年纪大了才飞不起来，你们还小，只要不断努力，就一定能飞起来，去想去的地方。”

儿子们牢牢记住了父亲的话，并一直不断地努力。等他们长大以后，果然飞起来了！他们发明了飞机，他们就是美国的莱特兄弟。

没有梦想的人生，就好比陷在黑暗当中，不知道哪里才是方向。人生要有梦想，一辈子的梦想，哪怕是一个时期的梦想、一个阶段的梦想、一个年度的梦想、一个月份的梦想、一个星期的梦想、一天的梦想……

一个人追求的梦想越高、越直接，他进步就会越快，对社会也就会越有益。有了崇高的梦想，再加上矢志不渝的努力，就没有什么不能成为现实。

梦想成就希望，追梦成就未来

如果用哲人的语言去阐述心理学家的言论，那就是“伟大的目标构成伟大的心灵，伟大的目标产生伟大的动力，伟大的目标形成伟大的人物”。

20世纪初，有个年轻的美国人，他确立的人生目标是成为美国总统。1910年，他当选为纽约的参议员；1913年，任海军部助理部长；1920年，出任了民主党副总统候选人；1921年，在他39岁时突染重病，他成了一个双腿不能动的残疾人。但是，这个人并没有因此放弃当总统的梦想。

他制定了一个旁人看来十分愚蠢的身体复原计划—从练习爬行开始。为了激励自己的意志，每次练爬行的时候他都把家人、佣人叫到大厅来看。他说：“我不需要掩盖自己的丑态。”

他虽然用尽全力，爬得汗如雨下，却还赶不上刚会走的小儿子。他的妻子后来回忆说：“见他这样，就像有千把尖刀刺在我的心上。可是他从来不听劝阻，非要坚持到底。”将近七年的苦练终于使他能够站立起来，虽然仅仅能够站立一个小时。1928年，他竞选纽约州州长成功；1933年3月4日，他就任了美国第32任总统，终于实现了他的梦想，并于1936年、1940年、1944年破例的三次连任，成为美国历史上任期长达12年的伟大总统。是他实行新政将美国从经济的大萧条中解脱出来；之后又是他带领美国向法西斯宣战，同全世界一起取得了第二次世界大战的胜利。

1945年4月12日，63岁的他因突发脑溢血而去世于美国总统的现任上。这位美国总统是谁呢？他就是富兰克林·罗斯福。目标使他的生命力出现了超乎寻常的奇迹，他的成功就是追求目标的胜利！

人们常说：“人活着要有梦想，要有愿望，要有所不知道，有所疑惑。”，的确如此，梦想是成功的翅膀，有梦想才有希望，有希望才能有追求，有追求人们活着就有了意义，就有了价值。

美国西部的一个小镇里，人们的生活并不富裕，甚至还有些艰苦，但每个人的脸上都洋溢着愉快的笑容。这是因为小城里有一位伟大的魔术师—老比尔。老比尔出神入化的魔术表演给人们带来了非比寻常的乐趣。

老比尔每天晚上都在小镇的大剧场里表演魔术，剧场里总是坐满了观众。虽然大家都知道魔术肯定是假的，但还是被老比尔魔术中营造出的梦境所吸引。大家尤其喜欢老比尔的几个经典魔术，在这几个魔术中，老比尔让不可能的事变成了现实。

一个魔术是穿山而过。人们眼看着老比尔从山这边的白纱布下消失，从山的另一侧揭开白纱布走出来。另一个是空中飞人，大家真切地看到老比尔从舞台上缓缓升起，在舞台上空自由地飞行。

好奇的观众不时地会问老比尔：“那两个魔术到底是怎么演的？”老比尔总是笑而不答。

老比尔老了，接替他的是小比尔。小比尔的演出像老比尔一样精彩绝伦，赢得了人们的赞叹和掌声。像过去一样，人们在小比尔的魔术中愉快地生活着。

一次演出的间隙，小比尔向大家展示了几个小魔术的表演方法，他发现大家对魔术的秘密非常感兴趣。于是，接下来每天的演出中，小比尔不顾父亲的阻拦，把许多魔术的秘密揭示给大家。他认为观众的需要就是演员的职责。

大剧场出现了空前火爆的场面，每次演出时都坐满了观众，大家终于知道了多年来老比尔的魔术秘密。明白了“穿山而过”是山里从前就有一条密道。“空中飞人”是在表演者身上系着一条细细的透明钢丝。

小比尔演出回来，总会把观众对魔术秘密的激情和狂热告诉老比尔，老比尔总是痛苦地摇着头。

小比尔每天晚上还是准时到大剧场里进行演出。然而，不知从哪一天开始，剧场里的观众越来越少了，最后几乎没有人再来观看魔术表演。小城里的居民们也不再像从前那么快乐了，变得一天比一天愁眉苦脸起来。

一天，小比尔垂头丧气地站在父亲面前，他希望父亲能告诉他为什么会这样。老比尔说：“魔术给人们编织了一个美妙的梦境，你揭示了魔术的秘密，同时也撕碎了人们心中的梦想。人活着，需要有梦。”

心怀大志，追求目标

“志当存高远”，心怀远大的志向，想成为什么样的人，就能成为什么样的人。一定要坚信，只要有远大的目标、积极的心态，就有可能创造奇迹，也就有可能改变世界。

人生就是要立大志。如果因为犹豫不决无法选择人生而苦恼，那么，基于使命的选择就是一个人最明智的选择。

或许要实现人们心目中的“奢望”是极为困难的，然而正由于自己追求的是一个高目标，比起降低自己的野心，停顿自己的进步，更能够使一个人接近成功。

有三个普通的人，一天晚上他们聚集在一家酒店里，谈论一些有关未来工作的希望的话题。一人希望拥有一部跑车，另外一人希望存够了钱能出国旅游一番。第三个人在片刻深思之后，如此说道：“我希望在一年内能卖出1亿元的食品。”其他两人听了立刻大笑，认为他不是在开玩笑就是头脑有些不正常。但是这个人在几年之后成为一位超级市场的经营者，拥有三家连锁店，而且年营业额上亿元。

你现在的奢望是什么？回答前希望你好好考虑。不管什么事，都应将目标提高到二倍以上，以扩大你的抱负。比方说目前年收入是10万，那么今后的目标则为20万。渴望拥有100万元的高级住宅，就将目标指向价值299万元的房子。

战胜自我，实现可行梦想

“给我坚韧，去接受我不能改变的事；给我勇气，去改变我能改变的事；给我智慧，去区分它们的不同。”以色列人的这句格言有助于我们分别出自己该在何处使力，该在何处适可而止。那些愤怒地跟天生限制过不去的人经常会变得尖酸刻薄和有挫折感。他们怀有对自己不真实的理想，经常会变成“方桌腿放在圆洞中”。他们把一生的时间都花在无力改善或只能有限改善的事上。经常的失败会把他们打垮，使他们失去自信。这种人把所有的精力都投注在“不可能的梦想”上。当然，“不可能的梦想”是伟大的和令人振奋的，但如果穷尽一生之岁月来追求一个不可能的梦想，则是下下策。宁可以“实际的梦想”来代替“不可能的梦想”。与其相反的另一种错误，是划地自限。历史上最伟大的成就在开始时都是这种情形——这是绝对做不成的。

许多年来，运动家、教练、医生都认为一个人不可能在不到4分钟时间中跑完1英里（约1.6千米）。直到1954年，一个名叫罗杰·班尼斯特的人出现后，许多跑步者都能在不到4分钟内跑完1英里。

其他的意见或自身的疑虑经常会削减你对能力的信心。自信有时不过是一种感觉，如你以肯定的态度去对待这种感觉，久而久之，它自然会变成一种实在的行动。

记住这点：你里面的那个“大的自我”永远是处于优势！它知道你能做什么，你不能做什么。当你以肯定的态度反应它时，你的自信自然会增长起来。

第二节 人生小世界，梦想大舞台

作为背负未来的年轻人，一定要坚信：在这世上，“我是独一无二的个体”。也许有些地方与别人相似，但每个人仍是无人能取代的，一言一行都有自己的个性，因为这是一个人自己的选择。

每个人都是自己的主人—你的身体，从头到脚；你的脑子，包括情绪思想；你的眼睛，包括看到的一切事物；你的感觉，不管是兴奋快乐，还是失望悲伤；你所说的一字一句，不管是对是错，逆耳还是顺耳；你的声音，不管是轻柔还是低沉；以及你的所作所为，不管是值得称赞还是有待改善。

一个人应该有自己的幻想、美梦、希望以及恐惧。成功胜利由自己创造，相信自己能行，就一定能行。然而，人仍然会对自己产生疑惑，内心总有一块连自己也无法理解的角落，但只要你多支持和关爱自己，必定能鼓起勇气和希望，为心中的疑问找到解答，并进一步地了解自己。

相信让梦想发芽

多年前的一个傍晚，一个叫亨利的青年移民正站在河边发呆。这天是他30岁的生日，可他不知道自己是否还有活下去的必要。因为亨利从小在福利院长大，身材矮小，长相也不漂亮，讲话又带着浓重的法国乡下口音，所以他一直很瞧不起自己，连最普通的工作都不敢去应聘。他没有工作，也没有家。

就在亨利徘徊于生死之间的时候，他的好朋友约翰兴冲冲地跑过来，对他说："亨利，告诉你一个好消息！我刚刚从收音机里听到一则消息：拿破仑曾经丢失了一个孙子，播音员描述的相貌特征与你丝毫不差！"

"真的吗？我竟然是拿破仑的孙子？"亨利一下子精神大振。联想到爷爷曾以矮小的身材指挥千军万马，用带着泥土芳香的法语发出威严的命令，他顿感自己矮小的身材同样充满力量，讲话时的法国口音也带着几分高贵和威严。第二天一大早，亨利便满怀信心地到一家大公司应聘。

20 年后，已成为这家大公司总裁的亨利，查证自己并非是拿破仑的孙子，但这早已不重要了。

相信自己是梦想的萌芽，能给自己前行的动力。在前进的道路上时刻以"我能行"鼓励自己，才能真正地获得成功。

在一次交流会上，一位著名的演说家没讲一句开场白，手里却高举着一张30美元的钞票。面对会议室里的100个人，他问："谁要这30美元？"一只只手举了起来。他接着说："我打算把这30美元送给你们中的一位。但在这之前，请准许我做一件事。"他说着将钞票揉成一团，然后问："谁还要。"仍有人举起手来。

他又说："那么，假如我这样做又会怎么样呢？"他把钞票扔到地上，又踏上一只脚，并且用脚碾它。尔后他拾起钞票，钞票已变得又脏又皱。

"现在谁还要？"还是有人举起手来。

"朋友们，你们已经上了一堂很有意义的课。无论我如何

对待那张钞票，你们还是想要它，因为它并没贬值。它仍旧值30美元。人生路上，我们会无数次被自己的决定或碰到的逆境所击倒、欺凌，甚至碾得粉身碎骨。我们会觉得自己似乎一文不值。但无论发生什么，或将要发生什么，你们永远不会丧失价值。肮脏或洁净，衣着齐整或不齐整，你们依然是无价之宝。生命的价值不依赖我们的所作所为，也不仰仗我们结交的人物，而是取决于我们本身！你们是独特的，应该相信自己能行，永远不要忘记这一点！”

你本身就是一道亮丽的风景

不论一个人是渺小还是伟岸，都在自己的小天地里谱写生命的童话，风雨无阻，一往无前，创造着大千世界的奇迹。所以说，每个人本身就是一道亮丽的风景。

古人说：“梅须逊雪三分白，雪却输梅一段香。”冬梅有它的娇艳，白雪也有它的风采。杨柳之婀娜、翠竹之秀丽、兰草之清幽、松柏之壮美，任何事物都在大自然中展示着自己的个性。“鹰击长空，鱼翔浅底，万类霜天竞自由”，万物各有自己的锋芒。泰山雄伟、华山险峻、黄山奇特、峨眉秀丽；牡丹雍容华贵、荷花玉洁冰清、梅花傲骨峥峥、兰花素丽典雅；北国万里飘雪、江南草长莺飞、塞外驼铃声声、水乡牧笛袅袅。没有人敢说泰山不如峨眉，牡丹胜过兰花，北国不比江南，因为它们各有千秋。你芙蓉如画柳如眉，我满屋诗书自开颜，腹有诗书气自华。你有驰骋政坛、跃马商场之万丈豪情，我有小桥流水、清泉明月之淡泊心境。

社会上的每一个人都不必藏在阴暗的角落独享那份寂寞，人们头顶的是同一片蓝天，脚踩着的是同一方土地。不要总是把自己忘记，你不比别人多，也不比别人少，我们不能总是极力地推崇别人而努力贬低自己。相信自己，你就是一道风景。

高尔基曾说过：“所谓才能，是相信自己，相信自己的力量。”人活着，就要拥有一份自信。自信是自立之基，自信乃自尊之本，没有自信的人，是无法绘出绚丽多彩的人生的。

或许，面对挫折怨天尤人、垂头丧气的时候，你会丢失自信，会遗弃追求，其原因就在于此时的你缺乏进取，缺乏坚韧，还没有真正地相信自己。人在低谷或者逆境时，不能抱怨，不能退缩，应该振奋起来，相信自己，横扫自卑的瓦砾，去做一支呼啸离弓箭镞。有自信有理想的人，要像雄鹰那样搏击长空，无惧雷霆万钧！

在困难和挫折面前，只要充满自信，成功的种子就能萌发；只要信心百倍地去拼搏，幸运的机遇就会光顾于你。对未来翘首以待，不如多一份自信追求；对前景犹豫彷徨，不如多一份执着和坚持。如果命运真的存在的话，那它就如一匹野马，只有用自信拧成缰绳，用奋斗做成长鞭，才能顺利地驾驭它，自由地驰骋在希望的田野上。

对于生命和事业来说，自信如地基之于大厦，地基陷则大厦倾；一个人对自己失去了自信，事业便没有承载的地基，那生命的大厦也就会坍塌了。想象一下，一个没有自信的生命，总是说自己不行，总感觉自己不如别人，总把自己归到没有出息的行列，自己小看自己，自己更不相信自己，那这样一个人如何去生活，如何去工作，如何去创造？去哪里积聚力量？去哪里开发智慧？去哪里寻求勇气？结果就是，这个人变成弱者，这样的人不战而败、一无所成。这样的人生将是多么的令人心寒，多么可悲！

中华民族从古至今都是一个具有伟大自信的民族，龙的传人也有着奋勇向前的精神。孔子云：“当今之世，如欲平治天下，舍我其谁也！”孟子曰：“富贵不能淫，贫贱不能移，威武不能屈，此之大丈夫也。”诗仙李白说：“天生我材必有用，千金散尽还复来。”毛泽东说：“俱往矣，数风流人物，还看今朝。”这就是我们的前辈，这就是中国人要

弘扬的时代精神！前辈们豁达的胸怀、浩然的正气、强大的自信，不仅是年轻人生命的根，更是中民族道德的基础。

第三节 没有做不到，只有想不到

赫伯特说："只要心中充满自信，没有一件不能做的事。"本领加信心，是一支战无不胜的"军队"。

生活中，"不可能"这个词语其实是一个人给自己找的一个失败的理由。作为未来社会的主力军，年轻人更要相信"事在人为，不同的做法就会收到不同的结果，没有人类不能征服的山峰"。其实，在生活中，"不可能"之类的言辞常在人们耳边徘徊，主要原因就是：很多人遇到困难与挫折时，畏惧不前，怀疑自己的能力不行，不可能做好这件事，所以就选择了退缩。假如转变一下思维，改变这种想法，始终激励自己说："我一定能做到，并且还会做得很好，在我的世界里没有做不到的事情。"那么"不可能"这个词汇从此就在人生词典里消失了，"我能行"会引领人们收获更多的荣耀和成就。

自信，把"不可能"变成"可能"

信心是一种能够起死回生的灵丹妙药，它能使坎坷困境中的人挺起脊梁，它能使人的头脑发挥出绝顶的聪明才智、创造非常的功绩。只要信心十足，自然就能把握所有存在的机会，牢牢抓住一切可以得到的机会，把"不可能"变成"可能"。

在克林顿从政时期，布鲁金斯学会推出一道题目：请把一条三角裤推销给现任总统。8年间，许多学员为此绞尽脑汁，最后都无功而返。克林顿卸任后，该学会把题目换成：请把一把斧子推销给布什总统。而且布鲁金斯学会许诺，谁能做到，就把刻有“最伟大的推销员”的一只金靴子赠予他。

推销出去的结果让每一个学员心动，可是许多学员对此毫无信心，甚至认为总统什么都不缺，再说即使缺少，也用不着他们自己去购买，把斧子推销给总统根本就是一件不可能的事。

然而，这件很多人认为不可能的事却被一个叫乔治·赫伯特的学员做到了。他也没有什么特别的本领，唯一不同的是他对自己很有信心，他认为把一把斧子推销给总统完全有可能。因为他了解到，布什总统有一个农场，里面长着许多树。

乔治·赫伯特信心百倍地写了一封信。信中说：有一次，有幸参观了您的农场，发现种着许多矢菊树，有些已经死掉，木质已变得松软。我想，您一定需要一把小斧子，但是从您现在的健康状态来看，小斧子显然太轻，因此你需要一把锋利的老斧子，现在我这儿正好有一把，它是我祖父留给我的，很适合砍伐枯树。

事情的结果是怎样的呢？后来，乔治收到了布什总统15美元的汇款单，并获得了一只刻有“最伟大的推销员”的一只金靴子。

当乔治在接受布鲁金斯学会的表彰时说：金靴子奖已经空置了26年。26年间，布鲁金斯学会培养了数以万计的推销员，造就了数以百计的百万富翁。但是，这只金靴子之所以没有授予那些富翁，是因为我们一直想寻找一个这样的人，这个人不一定会有很高的推销能力，这个人不一定是所有人中的佼佼者，

重要的是，这个人不会因为有人说某一个目标不可能实现而放弃它，不因某件事情难以办到而失去应有的自信。

社会上的很多事实都证明，“不可能”的事情只是短暂的，只是人们还没有发现解决它的方法而已。所以，当遇到难题时，永远不要让“不可能”束缚了自己的手脚。有时候，只要再勇敢地向前迈一步，再坚持一下，再多给自己一点儿信心，也许“不可能”就会变成“可能”。因为成功者之所以会成功，就是因为他们对“不可能”多了一份不肯低头的韧劲和执着。

对“我不能”说再见

国内的某位成功学大师曾说过这样一句话：“只有相信没有不可能，才可能创造各种可能。任何事，只要你去做，就没有不可能的。”

的确如此，成功者的一生，必定是与风险和艰难拼搏的一生。许多事情看似不可能，实际上只是功夫未到。所以一定要坚信：只要去做，就没有不可能。

福特汽车公司的创始人亨利·福特决定生产V-8型引擎。这是一个创造性的想法，在当时，连底特律最杰出的工程师都认为这是不可能的——“要将八只汽缸铸成一个整体，这怎么可能呢？”但亨利·福特下决心无论如何也要生产这种引擎。他对那群一筹莫展的工程师们说：“只要去做，没有什么是不可能的，相信自己，我能行，你就可以！”

很快，一年过去了，工程师们想出了所有可能的办法，还是没有攻破这个难题。于是，他们再一次找到福特先生，再一次强调：这件事不可能实现。但福特却没有灰心，他也再次强调：没有“我不能”做的事。他命令工程师们继续实验、研究。

终于，在福特“没有我不能做的事”这句话的坚持下，他们找到了诀窍，最终设计出理想中的V-8型引擎。

很多人说“我不能”，只是源于对自己没有信心，只是自己没有相信，去坚持，去为之奋斗。如果一个人总是以“不可能”来禁锢自己，那么他注定难有辉煌，最终将被淘汰。

如果没有人敢尝试，如果没有人肯迈出第一步，怎么会有人接着迈出第二步、第三步呢？没有自信，将一事无成；拥有自信，将拥有“巨大的财富”。把“不可能”从你的词典中删去吧，即使真的碰到了“不可能”，也应该这样想：不是不可能，只是暂时还没有找到解决问题的方法。

相信自己，一定能行

天生我人必有才，天生我材必有用，天用我才必有成。

眼前没有达不到的山峰，脚下没有踏不过的波澜，再大的困难，也只是如浮云一样。

放手地去迎接，放开地去挑战，大胆地去开拓，大胆地去创造，成就自己，成就人生，为自己成就一番事业。

在现实面前，不要总是问“我可以吗”“我能行吗”“我能办到吗”？把这三个疑问句从自己的人生中删除。面对世界，面对历史，面对未来，我们高喊：“当今之世，舍我其谁！”

在肯定自己的同时，也不要幻想着一帆风顺，更忌讳急于求成。从来没有一个成功者是一帆风顺的，不要企求一蹴而就，不要企图毕其功

于一役。

人的一生，就是追求的一生，奋斗的一生，拼搏的一生。只有只争朝夕地拼，只有矢志不渝地追求，只有愈挫愈勇地奋发向上，才能打开成功的大门。

当然，自信不是目空一切，当然也不是莽打莽撞。相信自己更要自知，知自己之所长，知自己之所短，发现自己的强项。以我之长，对彼之短，以我之强，克彼之弱，战而胜之，攻而克之，是为成功之真谛。

一名高中刚刚毕业的男孩如愿以偿地收到了心仪大学的录取通知书。开学之前，男孩怀揣美好的理想踏入美丽的校园。临别之时，父母亲却告诉他，只能给他2000元钱，学费及其他费用要靠自己努力了。并嘱咐他："相信自己，一定能行。"在这之前，男孩的父母已把自己积攒的40万元钱全部捐献给了贫困山区。男孩听到这个消息，流着泪说："我是你们唯一的亲生儿子啊！"当时他非常不理解父母。但无论如何，男孩只能带着心痛踏出了家门。

大一期间，他靠在学校餐厅当服务员获得的收入和奖学金完成了第一年的学业。即使春节，他都没有回过那个曾经给他温暖的家。大二期间，他除了自己的学习费用和生活费之外，还给家里寄去2000元钱。他写信告诉父母："你们说得对，相信自己，一定能行。"后来，他又通过了英语四、六级考试，然后又被华盛顿大学录取了，他准备出国留学，开始自己人生新的追求。

另一个是一位国企的工人，他刚刚读完初中就参加了工作。因为自知自己的文化水平低，所以他把工作之余所有的时间都用在了学习上。正如德国作曲家舒曼所说："勤勉而顽强地钻研，永远可以使你百尺竿头，更进一步。"他先后完成了高中及大学本科所有的课程，并取得了毕业证书。同时，他还多次获得技术革新成果奖。最后，他被一所大学院校聘为在职教授，年薪50多万元。在这所大学里他主要给大学生讲在实践中学不到的知识。

“相信自己，一定能行”，不但可以增加自己对人生的信心和勇气，而且还可以使一个人的生命更有意义。其实，真正能把握自己命运的，并非他人，而是自己。

朋友，当我们遇到困难、逆境时，不要害怕，不要退缩，更不能放弃。还记得电视剧《大长今》里面长今说过的一句话吗？她说：“不管是谁，任何人都不能叫我放弃，我绝不放弃！”她就是用这种态度来面对自己的人生，最终她获得了人生中真正的成功。

每个人都有自己的梦想，其成功与否，操之在己。虽然实现梦想这条路很艰难，但是只要心存希望，手握自信，永远不说“放弃”，永远不说“我不能”，就一定可以实现自己的梦想！

第四节　梦想成就多彩人生

梦想是人一往无前的动力源泉，拥有梦想是每个人都享有的权利。不论年龄高低，不论任何行业，只要有梦想，就可以成就未来！每个朝气蓬勃的年轻人都知道美梦是虚无的，但它同样是美好的。正因为有了这个虚无的美梦，才激起了每个人对它的追求。梦想，是人生的动力，是所有人心中最美丽的梦，那就让自己学会放飞梦想，来成就人生的未来吧！

在梦想中规划未来，成就未来

古人云：“预则立，不预则废。”正因为如此，不论做什么事情，都要有准备，千万不可说“空话”，做“白日梦”。一个人想要走上成功的人生道路，最重要的就是要学会规划好自己的未来。只有这样，人们才可以去成就自己的梦想，放飞自己的梦想。

生活在这个美好世界的年轻人，正值生命绽放的时期，不可整天哀叹现实的残酷，总是认为世间所有美好的东西都是为他人而预备的。假若因此对自己放任自流、不思进取，那些青年时代五彩斑斓的梦想就将蒙上了一层灰色的阴影。这样的人没有资格去谈梦想、人生、未来，其结果将是平庸地度过一生。

人们不禁要问：如何规划未来？从哪里开始？有位名人说过：“要想规划人生就要先规划自己，规划好自己才可规划好未来。”而未来就是一个人的梦想。的确，了解人生的捷径就是了解你自己！了解自己的最好方法就是明确自己的梦想。只有了解自己，了解自己的梦想，才能了解世界，了解人生。过去的事情已经成为历史，但是明天的事情却取决于今天的行动。一个人必须树立高远的梦想，未来才有可能掌握在自己的手中。一个人的奋斗也许不能保证一定可以成功，但若不奋斗，则可以确信这个人连一点儿成功的机会都没有，更不要谈什么未来和梦想。

老话说得好，“有梦不觉人生寒”。的确如此，一个人无法改变现实，但却可以改变自己。改变自己的心态和思维，为自己的未来大胆设计一个灿烂的梦。也许现在仅仅是一个梦，但把它看成是鼓励自己的动力时，它就会促使人们超越艰苦的环境与现实条件。要相信，梦想会成就一个非凡的未来。

纵观历史，因梦想而成就未来的故事更是数不胜数。战国勾践，因为有东山再起的梦想，所以卧薪尝胆十年，最终雪洗前耻，成就了霸主事业；楚汉项羽，因为有取而代之的梦想，所以建立了一支强大的反秦义军，拥兵百万，成为西楚霸王；蜀汉刘备，因为有治国于天下的梦想，所以三顾茅庐、广纳贤士，最终建立蜀汉政权，名扬天下。梦想如此之伟大，可以让人们从困境中活出自己的力量，从阴影中找到自己的光明，从失望中看到自己的希望。

带着自己的梦想起飞吧！要坚信，一切源于梦想，一切又伴随着梦想的坚持而到来，梦想成就未来。一个人的梦想有多么惊艳，未来就有多么辉煌！

放飞梦想，收获明天

社会发展得如此之快，往往超乎人的想象，但又在社会发展规律之中。不论出现什么新的变化，都是人们梦想成真的结果。在生活中，人们总有一个梦想去追求，总有一份希望在远方时隐时现。而这个梦想正是所有人成就未来的开始。

青少年的未来是美好的，因为年轻人的梦想是璀璨的。曾几何时，坐在课桌前的年轻朋友们手托着腮，仰头望着天，看那风也悠悠，云也悠悠，脑海中闪现出一幅幅艳丽的画面：身材高大，体态魁梧的年轻人在运动会上用箭一般的速度第一个冲过终点，刹那间，所有人的掌声都为之雷动；才华横溢的年轻朋友们在学校大礼堂用那精彩的演讲征服多少听众，那时那刻，所有人的眼睛都为之闪亮；遇事果断、敢作敢当的年轻朋友们在摄像机、照相机的包围中与某公司签下项目合同，举杯庆祝，所有人的笑容都为之绽放。梦想这些的时候，心情是万分激动的，因为这就是年轻人的未来。

在这充满青春朝气的学生时代，心中装着这些期盼和梦想，是每个

人学习的动力和目标。也许，在语文课堂上，每个人都曾热情高涨地说出过自己的梦想，勾勒过自己的未来，或者曾写下过豪情壮语。在放飞梦想的日子里，每个人都会哭过、累过、跌倒过、也摔伤过，但谁也不曾放弃。因为所有人都知道放弃梦想，就是放弃了自己的人生，放弃了自己的未来。

人因为有了梦想才伟大。在这个世界上，任何人的成功和任何奇迹的产生都是梦想发挥作用的结果，都是苦心经营、策划追求和奋斗的结晶。一句话：梦想，可以激发一个人生命中所有的潜能，并使人走向成功。

有位哲学家说："如果人类没有了梦想，就没有人类今天的文明成果。"确实如此，梦想是人类发展的动力源泉。虽然梦想非常重要，但是有一点必须注意，有了梦想就需要坚定不移地去为实现梦想而奋斗，否则再伟大的梦想也会化为泡影。

青少年朋友们，如果坚信自己就是那个英姿飒爽、博学多才、叱咤风云的人，那就好好坚持自己的梦想，因为那也许就是未来的自己。操场上，奔跑的你们，不正洋溢着青春的朝气吗？美术课上，一丝不苟地勾画着每一笔的你们，不正描绘着青春的光彩吗？英语课上，认真听着老师讲的每一句话每一个字的你们，不正放飞着青春的梦想吗？你们所做的一切都是在成就自己的未来。

年轻的朋友们在烂漫春花中步入青年时，会发现似乎过去所有美好的梦想都是为自己准备的。在放飞梦想的日子里，有苦有乐，其乐融融，所有的一切只为成就美好的未来！有梦就有希望，有梦就有未来！

第五节　幻想不等于梦想

英国杰出的作家约翰·济慈曾经说过："青春的梦想，是未来的真实的投影。"对于每个人来说，梦想，就是人生永不熄灭的火炬。

每个人都有美丽的梦想，不论这个梦想是大还是小。

当有了这个梦想的时候，很多人就会不遗余力地去努力实现它。可是，有的人的梦想实际透彻，有的人的梦想则空虚模糊、朦胧，从来没有什么计划性，最后只能成为空想。这太令人遗憾了，美丽的梦想不能成为生活中的一部分，而是一触就破。不能轻易地放弃梦想，而应让目标来成就梦想，不可让梦想成为空想。

空想是成长中的绊脚石

有位哲人说："空想是成长中的大敌。"不错，空想只是由人们的愿望和社会需要所引起的对于美好未来的特殊想象。那些不符合实际、不存在实现可能性的幻想只能是虚构的想象，会成为有害的空想。

空想是不能实现的想象或计划。如果一个人永远沉浸在空想中，就会像只迷失方向的羔羊，白白地浪费青春，因而它是人生成长中的大敌。

有人不禁要问：那梦想是一种空想吗？答案是不确定的。如果把梦想实践起来，由一个个的小目标来成就这个大梦想，那这个梦想就不是空想。如果只是对未来进行一种虚幻地想象，有时甚至还违背事物的发

展规律，而没有采取任何的行动，这种梦想就是空想。在生活中，有的梦想符合现实生活的要求，有实现的可能性，但必须一步步地去实现它。这个梦想有助于激发人们展望未来、拓宽思路，克服前进中的困难，搬走“空想”这块绊脚石。

盖斯科因曾说过：“在高空中建造的楼阁绝不会有坚实的基础。”这里所说的空中楼阁就是所谓的空想。它虽然也是人们对未来的一种美好想象，也反映了人们对生活有着一定的追求。但它是缺乏客观根据的，是脱离实际的一种主观臆想，是主观臆造的产物，缺乏现实基础，而且又违背事物发展的客观规律，因而它也是永远无法实现的。因此，一个人的梦想一定要符合实际，遵循事物发展的客观规律。

不要空想成功。任何一个愿望都有实现的可能，把这个可能变成现实就需要一个人付出努力。很多人付不出这份努力，只能让希望成为泡影。

行动是很实际的一件事情，就像愚公移山一样，每天挖山不止，最后才可能搬走阻碍自己的大山。正所谓，想一千遍不如前进一步，一步一个脚印。要有脚印，有结果，即使不成功，即使还没有成功，都要一件一件地去做。

不想让空想成为成长中的大敌，就要弄清梦想与空想的区别。梦想是需要有计划性地实现，是需要逐步去实施自己心中的蓝图。而空想则是生活当中偶然心血来潮的一种想法，虽然空想的意境有时候远远超越了有步骤的理想，要美妙得多，却终归流于幻觉。更可怕的是，梦想还可成为一种空想。

青少年正处于人生思想活跃的时期，由于缺乏人生经历与社会阅历，对未来难免会有一些不切实际的幻想。要知道，想让空想成为梦想，就需要经过自己实际努力，这样才能实现人生的目标。

所以，不能好高骛远，脱离现实基础和条件，要知道“千里之行，始于足下；万丈高楼，起于垒土”。任何美好梦想的实现都应该脚踏实地，从自我做起，从现在做起，努力学习就是个人今天的主要任务，是实现

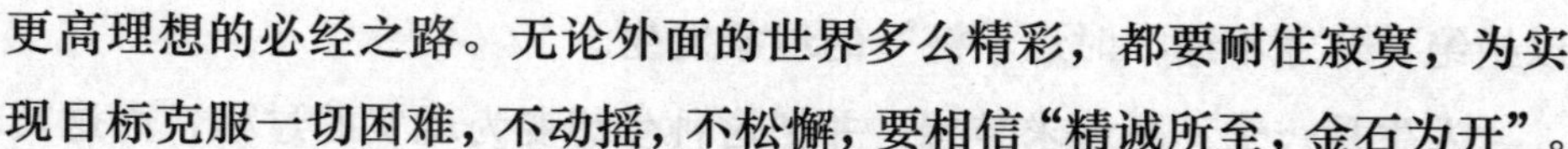

更高理想的必经之路。无论外面的世界多么精彩，都要耐住寂寞，为实现目标克服一切困难，不动摇，不松懈，要相信“精诚所至，金石为开”。

空想是可怕的。如果把美好的梦想当成了一种空想，那更可怕。因为梦想是指引人生道路的一座灯塔，而空想则是人生成长道路上的一块绊脚石。

目标是成就梦想的基石

如果没有梦想，人们的生活将变得没有意义；如果没有目标，人生将失去航行的方向。要获得成功，就一定要有一个明确的目标。没有目标就不知道努力的方向，犹如巨轮驶上大海，但是却没有确定的航标。许多人也曾看到了机遇，也曾梦想成功，但他没有把自己的梦想变成人生奋斗的目标，这是种错误的做法。

许多人为了追寻成功，为了实现自己的梦想，都积极投入到学业和工作中去，那首先就应该为自我发展而设立目标。可我们常听到有人说“我们一定要成功”“我要考一流大学”“我想被学校保送某某高校”……很多人都有类似的愿望，但这是目标设立吗？当然不是！这绝不是目标设立，这是喊口号。

在人生中，如果人们只是一味地喊自己的口号，而不实际行动起来，这难道不可笑吗？一个失去了目标和梦想的人，注定将碌碌无为，毫无生机。

人生舞台是个战场，上战场一定要有目标，没有目标的战斗一定会惨败。看到那些对人生怨叹无奈、长吁短叹的朋友时，可以肯定地说，他们若不是没有人生的目标，就是不知道如何去达成他们的目标，而偏偏这世上总有这类怀才不遇、时运不济的人，事实上，了解目标设立的重要并实际执行，将会使成功具体地在每一天的努力中实现，这样就可

以拒绝“怀才不遇，时运不济”的现象发生。

人生是一个不断追求梦想，并把这种梦想变为现实的过程，而这其中就需要每个人有自己的人生目标，然后去成就这个梦想。有这样一句话：没有梦想的人生，就像一只没有翅膀的小鸟。试想，如果一只小鸟失去了翅膀，那它还有存在的意义和价值吗？没有！所以人不能没有人生目标，因为它是一个人走向成功的灯塔。

尽自己所能去实现梦想，也许目标非常远大，但只要是可达成的目标，一定可以分成远期、中期、近期来逐一完成，再以终极目标为导向，做一个详细的计划，用每一个小计划的成功来堆砌大计划的成功，如此由近而远，由小而大，必能达成目标。

可以通过以下的方式来鼓励自己：

在本子上写出自己的远期目标，回到家后每天自己朗读两三遍。

在不断达到目标的过程中，别忘了给自己一点儿奖励。

在良师益友中，找一个人与自己分享目标。这样做的目的是督促自己切切实实地执行每一个目标，充分感受自己完成目标，将梦想变成现实的过程，确信自己一定可以成功。

第2章

规划梳理梦想

我们不能只是为了有路可走，盲目地进行选择，抱着走不通再换的想法。那时，我们只能碰得头破血流，最后输掉的是年轻的资本。我们应该多考虑一下，对未来要有一个充分的规划和预期。每一步应该怎样走，心中都要有一个明确的计划。

第一节　凡事预则立，不预则废

成功的人生需要合理的规划

“凡事预则立，不预则废。”只要存在一丝可能，就要对自己所走的路进行细心的规划。分清阶段，理顺步骤，认真计划每一步要怎样走，每一步花费多少时间，每一步达到怎样的目标，尽量一目了然。有句话说得好：“成功的人生需要合理的规划，你今天所站的位置并不重要，但你即将迈向哪里却十分重要。”

不能因为一时的有路可走，就盲目地进行选择，不应该心存走不通再换的想法。那样，我们只能撞得头破血流，最后输掉的是无价的青春年华。要多考虑一下，对未来要有一个充裕的准备和规划。每一步应该怎样走，心中都要有一个明确的计划。要知道，成功往往选择有计划的一方，而不是仅具有梦想的一方。

每个人都有自己的人生之路，但究竟该走什么样的人生之路，人生之路又该如何规划？这是很多人都疑惑的问题。大多数人都只是不假思索，慌忙选择，匆忙地上路。很简单地在想，不管什么路，先上路再说，实在不行再换。不去花时间思考和规划一下自己该走什么样的路。

假如一个人选错了方向，走错了路，好的前景就会离之远去。有时候，也许根本不用自己去选择或者规划。因为父母已经帮助孩子做好了一切，但父母或别人做的安排真的是自己想要的吗？是完全适合自己的吗？父母安排的路是否适合自己，一定要三思而后行。

很多人即便选择了自己要走的路，但也只是根据自己眼前的条件去选择，根本就没有对未来进行整体的规划与设计。或者虽有目标，但目光短浅，只顾眼前的利益，而放弃了长远的目标。结果，与当初的理想背道而驰。

找到适合自己的路

大多时候，仅仅知道目标是不够的，更要清楚什么样的路最适合自己。西方国家流行这样一句谚语：“如果你不知道你要到哪儿去，通常你哪儿也去不了。”

生活本身就是一个需要自我规划且不可大意的过程。如果只是懵懵懂懂、一无所觉地走下去，未来就很有可能过着或困窘或一成不变，或奔波或平淡无奇的生活。

人生本身就不是一个轻松的过程，盲目散漫、毫无规划与目标的生活只会更增加人生的败笔。

人不能增加多少岁月路径的长度，但可以通过生活的历练和自我的坚持来拓展生命历程的宽度，增加岁月的沉淀。

在数学课上，所有人学过“两点之间，线段最短”这一定理。而这条定理在人生旅途中也同样适用。在生活面前，可以用最少的时间精力、最短的距离达到目的，用一条直线连接初始点及结束点，而这条直线就是一个人努力的方向和途径。

不管要做什么事情，都需要确定属于自己的初始点和结束点。要知道哪里是初始点所在，更要了解目标是什么。如果没有初始点，就会不知从何处下手，无法有好的开始。如果没有目标，就不知要何去何从，丢掉了宝贵的时间与精力，会使人失去方向感，最终一事无成。

所谓初始点，就是自己目前的境况与能力以及具备的条件。而目标就是自己真正想要达到的状态、完成的理想。它一定要让人一目了然，能够衡量又极易追踪。唯有先确定初始点及结束点，才能像火箭一样以最快的速度奔向目的地。

第二节　自知者明，认识你自己

古希腊的苏格拉底曾说过：“你要认识自己。”我国的先圣老子也曾说过：“自知者明。”

一个在西方，一个在东方，传达给人们的道理却如此相近。由此可见，自我认知对于一个人的成长是多么重要。但往往人们都把了解别人放在首位，却很难真正地认清自我。所以古人才说：“人贵有自知之明。”一个“贵”字，道尽了自知之不易。

扪心自问

鲥鱼、刀鱼、河豚是长江里三种味道最为鲜美的鱼。虽然它们的体型和形状各不相同，但聪明的捕鱼者利用它们的习性，用一张渔网就可以将它们一网打尽。

鲥鱼入网时，只要后退一点儿，就可以逃脱。但它爱惜自己的鳞片，不肯后退，不顾一切往前冲，结果被捕获。

刀鱼鱼如其名，外形如匕首，脊上有坚硬密集的鱼鳍。当入网时，恰恰与鲥鱼相反，迅速后退，不料鱼鳍被网目死死卡住。

其实，它只要继续往前就可以穿过网眼。

河豚身上没有鳞片，也没有硬鳍，表皮上有密密的钉刺。与鲫鱼和刀鱼的捕捞方法都不一样，入网后，它便拼命地给自己鼓励、打气，一下子肚皮滚圆，试图胀破网目，结果连渔网一起浮出了水面。

从客观上说，人们之所以能够轻松地捕获这三种鱼类，正是利用了它们自身先天性的缺陷。

根据这几种鱼的特性，不妨对比一下自己，不难发现自己也存有许多局限性、劣根性。人们常常看到别人的不足，却难以察觉自身的弱点。能看出他人的问题，却看不出自己也在重蹈别人的覆辙。很多时候，打倒自己的不是别人，恰恰是自己，这就是作茧自缚。

一个人在其生活历程中，在自己所处的环境氛围中，能不能真正认识自我、认可自我，如何打造自我形象，如何把握发展脉搏，如何抉择，将在很大程度上影响或决定着一个人的前途与命运。

换句话说，一个人是渺小平庸还是出类拔萃，主要取决于这个人是否能够经常自我反省，充分地认识自己，并在这个基础上完全认清自己。

从这一刻开始，就要对自己进行合理的分析与评价。一个能够正确认识自我的人，才能在拼搏的过程中勇往直前。而正确地认识自我、战胜自我又是世界上最难的事。只有正确审视并认识自我后，才能知道自己能做什么，不能做什么，怎样去做，如何能做到最好。这将使人生有一个崭新的开始，人生坐标将比其他人高，成功的概率也将胜过其他人。而那些还无法了解自我的人，则还在摸索前进，逐渐拉大与成功之间的距离。

那么，应该如何正确地认识自我呢？首先请给出下面这些问题的答案。

◇你大部分时间都在想什么？

◇你是否能从所犯错误中获得宝贵的教训？

◇你是否经常在学习中犯错误，其原因是什么？

◇你是否觉得生活忙碌无用？

◇你是否嫉妒那些超越你的人？

◇谁对你最具启发性的影响？

◇有多少原来可以避免的烦恼困扰着你？为什么你会容忍它们？

◇你是否拥有一项明确的目标？

◇你最珍视的是什么？

◇你是否很容易受别人的影响，而违背自己的判断？

◇今天是否为你的知识或意识状态宝库增添了任何有价值的东西？

◇你是否敢面对使你不愉快的环境，还是回避这种现实？

◇能够说出你最严重的五个弱点吗？你打算采取什么行动去克服这些弱点？

◇你的存在是否会对其他人产生影响？

◇你是否已学会如何进入一种使你能够保护自己的精神意识状态，而不受所有沮丧情绪的影响？

类似这样的问题可以无限制地提问下去，其目的只有一个—让人更快地认识自我。如果从来没有这样问过自己，那就说明这个人还没有清晰而正确地进行自我评价和自我分析过，必须用最短的时间补上这一课。

一个人将来要想有所作为，并在各方面完善自己，就必须有一个合理而又实际的认识伴随着自己。必须相信自己，必须不断地增强并肯定自我价值，必须敞开心扉、有创造性地展现自我，而不是将自己尘封或掩饰起来。必须有与现实相适应的自我，以便在现实的世界中有效地发挥作用。除此之外，还可以通过长期自我观察或经常与他人交谈，借助他人的意见或建议，来逐步客观地认识自己的优势和缺陷，并且积极地对待这些优势和缺陷。

当这种自我分析和评价在对自我取长补短的基础上日臻完善并定型的时候，这个人就会有“良好”的感觉，并且会感到自信，会理所当然地作为“我自己”而存在。反之，当这种自我分析和评价成为逃避、否定的对象时，个体就会把它隐藏起来，不让它有所表现，创造性地表现也就因此受阻，内心更是会产生强烈的压抑而无法与他人和谐共处。

吾日三省吾身

每一个人都在内心深处极力盼望自己能够得到幸福的人生，受宠、成功、宁静、祥和等，这些感受都可以从丰富的生活或积极的创造过程中体验到。当体验到幸福、自信、成功的愉悦时，就是在享受丰富的生活。当落魄到压制自己的能力，浪费自己的天赋，使自我蒙受忧虑、恐惧、自我谴责和自我厌恶的难堪时，就是在扼杀我们可以利用的生命力，就是在背离自我爱憎分明和完善的道路。

哈利·爱默生·佛斯迪克说：“生动地把自己想象成失败者，这就使你不能取胜；生动地把自己想象成胜利者，将带来无法估量的成功。”一位成功学家曾经说过：“一切成就、一切的财富，都始于一个意念，即自我意象。”

一般而言，个体的自我信念都是根据自己过去的成功或失败、别人对自己的反应、自己根据环境的比较意识，特别是童年经验不自觉地形成的。根据这些，人们在心里形成了“自我意象”。

就一个人自身而言，一旦某种与自身有关的思想或信念进入这幅“肖像”时，它就会变成“真实的”。人们很少去怀疑其可靠性，就像它的确是真实的一样。在一个人心灵的眼睛前面长期而稳定地放置一幅自我肖像，就会越来越走近它。

排名世界第六的英国石油公司拥有着数十万名员工，在英国经济中有着举足轻重的作用，其公司总裁彼得·英格拉姆·沃

尔斯正是在自己心灵的眼睛前面长期而稳定地放置一幅自我肖像，才逐渐让自己的成功闻名于世。

1931年，沃尔斯出生于英国伯明翰市一个警官家庭。在青少年时代，他的求知欲十分旺盛，曾立志当一名律师。然而由于父亲在战争中阵亡，年轻的沃尔斯出于经济上的考虑，在上大学不到两周后便改学商科。这一选择对他的一生颇为重要，尽管他当时并未意识到这一点。1954年，沃尔斯从国民军退役，满怀着对有影响的跨国公司的憧憬，如愿进入英国石油公司任职，成为公司总部的一名小职员。在成为公司小职员的第一天，沃尔斯就对自己提出了10个问题，这就是被世人广为称道的“沃尔斯认识自我的10面镜子”。正是由于这10面镜子，沃尔斯才由一名默默无闻的公司小职员成为叱咤风云的石油公司总裁。

这10个问题有：

◇我最擅长做什么？

◇我的自信心有多少？

◇我具备创新的思维模式吗？

◇我能否自我控制？

◇我性格中致命的缺点是什么？

◇我热爱每一天的工作吗？

◇我一天能做完几项工作？

◇我与他人合作的能力有多少？

◇我惧怕失败吗？

◇我掌握了多少有关石油业的知识？

沃尔斯在对自我进行正确的评价和分析后，扬长避短，锐意进取，百折不挠，开始了自我奋斗的人生。

1958年，沃尔斯被提升为公司供应部的经理助理，负责船员运送、分派及后勤等工作。1959年，他先后被派往纽约、东京等地办事处任职。从最基层做起的任职生涯不仅使他充分熟悉了公司的各项业务，而且还广泛探索了美国和日本的石油业，从而使其在公司中具有相当稳固的根基。1964年，沃尔斯被派往纽约，任常驻纽约的商务部副总裁。1967年，沃尔斯回到了伦敦，担任总经理助理。不久，中东战争爆发，苏伊士运河被无限期地关闭，石油运输被迫绕道好望角，油轮顿时十分紧俏。公司需要租用油轮，但拥有世界上最庞大船队的船王奥纳西斯却开价十分苛刻，他要求英国石油公司尽快决定，要么租用他的全部油船，要么就一条也不租用。沃尔斯遇到了事业上的难关，他进退维谷，举棋不定。后来，沃尔斯回忆他的这一段人生时，语重心长地说："促使我做出超过一般人的决策，无外乎得益于我青年时期的10条自我评价和分析。在面对船王奥纳西斯强加给我的难题时，我想得最多的就是10条中的3条，我的自信心还有多少？人惧怕失败吗？我与他合作的能力有多少？答案是这样的，我的自信心是强有力的，我不惧怕失败，我与他合作的能力是无限的。我清晰地知道自己具备这些力量后，我就做出了决定。"沃尔斯果断地做出了全部租用奥纳西斯船队的决定。一周后，油船租价翻了一倍，沃尔斯因此也开创了他事业上的新局面。1971年，沃尔斯被任命为负责西半球事务的总经理，1977年底升任公司常务总经理，1981年起担任公司总裁兼总经理。正是由于沃尔斯青年时期正确的自我评价和分析，他才取得了令世人瞩目的辉煌成就。

一定要清楚，再大的成就、再多的财富都是从一个意念开始的。这个意念就是认识自我。当人们开始正确地认识、分析和评价自己，认真地写一本自传时，这个人也开始了迈出未来人生的第一步。如果现在的你已经拥有了一本自传，你要深刻地反省一下这本自传是不是发自内心

的生命独白。真正的自传，它必须是一个人生命本质、独特的认识和人生经验所沉积下来的真正智慧。它绝不能随波逐流，它必须是唯一的一本。那里面有个人优于他人的长处，它是通过一个人的心灵和眼睛以及智慧所构建成的一个独一无二的世界。

一般说来，一个人的自我世界都是根据自己过去的成功或失败，他人对自己的反应，自己根据自己与环境中他人的比较意识，特别是童年经历等四个主要方面不自觉地形成的。根据这些，人们心里便形成了"自我世界"。对自身来说，一旦有某种与自身有关的观点或思想进入这幅"自我肖像"，它就会成为生命中的一部分。

进入心扉的每一件事情都有一种被永久保留下来的效应。它可能会有所发展，给一个人的未来打下良好的基础；也可能会有所懈怠，从而破坏可能的成就。因此，每个人的内心要积极吸收那些能让人有所创造的每一件事情，并把这些事情通过自己智慧的洗礼变成个人独有的。对于那些会让人产生懈怠和消极心理的事情，不论大小，都要永远拒绝。只有这样，才会保持一个自在而完美的自我世界。

自从地球上出现生命以来，已经有亿万人在这颗星球上休养生息，但从来未曾有过、也将不会有第二个你。这种独一无二的特性赋予个人极大的价值。每个人应该明白，当每个人做一本自己的自传，用自己独一无二的视角创造一个自己的世界时，每个人都要加倍珍爱这本自传，因为它能载着人们驶向成功的彼岸。

第三节　适合才是最好的

最好的并不一定适合自己，适合自己的才是最好的。一个人是否真正认识自己，体现在职业生涯中的关键就是定位问题。个人定位是一个很重要的过程，即使有正确的思维和方法，仍然容易出错。错误的定位将致使职业生涯出现失败。所以，必须理解定位中各种可能的错误，也就是定位的误区。棋艺中有“一子错满盘皆输”之说，如果人生的定位错了，生存的境遇也就会有所不同。

在进行个人定位时，认为仅仅依靠自己特定的才能、素养、专业、吃苦等要素就可以捕获成功，其实是走进了“专业”的误区。例如，大学学的是十分冷门的专业。毕业之后，对口的工作很难寻觅，但又不情愿放弃自己的专业。如此一来，很可能会在相当长的一段时间内无法就业。这样就被圈进了“专业”的死胡同里。正确的做法是，先就业再择业，不如找一个和专业相关的工作先做，因为职场经验的积累也是十分重要的。

当今社会更喜欢的是专才。多才的职业者就是尝试满足所有的需求。这种定位在卖方市场时期还是可行的。但是现在，还想找到这样的工作岗位是很难的。通才并不是不存在，但已经呈逐步递减趋势，越来越没有市场了。事实上，特定的岗位都需要一定的专业知识和技能，使用的也是特定的专业知识和技能，多余的才能只会干扰一个人的成功。由此可见，多才也会令一个人走进选择的误区。

想要在职业生涯的坐标上定好自己的位置。具体说来，需要注意以下三点：

兴　趣

兴趣是事业的成功之母，兴趣广泛，能够使人们感受到生活的多姿多彩，增添生命与事业的趣味。每个人应当重视自己的兴趣。一个人对某种职业感兴趣，就会对该种职业活动表现出积极的态度，并主动思考、

探索和追求。职业兴趣一直是以社会的职业需求为基础，并在一定的学习与教育形势下发展起来的，是可以培养的。虽然某种职业兴趣一经形成即固定，且具有一定的稳定性，但根据实际需要，还是可以通过各种途径，加上自身的努力去改善和培养的。

气 质

气质是职业适应的表现，不同的气质类型有其各自适应的职业范围。在适应性职业领域，不同气质类型的人能发挥其优点，避免其缺点。气质会影响人活动的特点、方式以及效率，某些职业活动的顺利进行，要求从事者必须具有相关的气质特征。比如说军事家、外交人员需要控制兴奋的情绪，喜怒不露于表。而演员、导购员、推销员则更需开朗热情、情绪舒展、笑脸迎人。气质使人在心理活动和行为方式上具有独特色彩，但它并不标志一个人的智力发展水平与道德水平，更无法决定一个人的社会价值和成就前途。在社会发展的进程中，不同的职业需要不同气质的人去运作。就个人而言，要能够对号入座，令自己的气质适应相应的职业。只有这样，一个人才能在工作中有所发展、有所进步。

性 格

脾气暴躁的人，与人沟通的职业干不了；内敛含蓄的人，适合搞科学研究；生性温和之人，很适于当培养幼苗的老师。那么，什么叫性格呢？它是一个人对现实的一种固定的态度以及与之相适应的习惯性行为方式。不管是在对人、对己的态度上，还是在对职业生涯的选择和态度上，它都有所体现。外向开朗、热情奔放的性格，大都较适合从事演艺

工作、外交系统、服务行业以及其他同社会各阶层交往较多的行业；求知心强、内敛含蓄的性格，比较适合于从事科学研究方面的工作；做事粗心大意的人，明显不适合做必须特别仔细的手术医生；想要成为一名职业军人，勇敢果断、坚忍不拔则是必不可少的性格。

一个人的性格与其是否能适应某种职业生涯有着相当大的联系。如果一个人所从事的职业与他的性格相符合，那么工作起来就会得心应手，事半功倍，也很容易在工作中取得成果。如果一个人的性格特点与他所从事的职业大相径庭，这种性格就会影响其工作任务的进程。

根据以上三种不同的特征选择最适合自己的职业，是一个人职业定位的一个重要衡量标准。不要轻易给自己的职业划定界限。适合自己的才是最好的。因为适合自己，才能在工作中体会快乐，有兴趣发现更好的工作方法，最终享受职业给自己带来的生活的乐趣。

第四节　放对地方，就是宝贝

富兰克林说：“宝贝放错了地方就是废物。”也可以反着来理解这句话：如果想成为宝贝，就要放对地方。年轻朋友一定要认清自己是什么样的人，该从事什么职业，适合做什么工作。如果没有把自己放对地方，就会像毛驴拉磨一样，虽然周而复始，但却无法改变命运，一生也会碌碌无为。

除了用眼睛审视这个世界外，人们对这个世界还充满了好奇，对社会还有很迫切的求知欲。开始人生道路的抉择时，一定要明白自己想要什么，知道自己哪里还有不足。只有清楚了自己的需要，认清了自己的内心，才能做出最恰当的选择。

社会上的大部分人经常会觉得身边的人不好读懂，但或许自己才是最让人难读懂的人。古希腊人把能认识自己看作是人的最高智慧。阿波罗神殿的大门上刻着一句箴言，那就是“认识你自己”。

俄国作家列夫·托尔斯泰年轻时整日无所事事。后来在朋友的帮助下，他反躬自问，认识到自己存在的种种不足，慢慢克服了自己的缺点，一心写作，先后创作了《战争与和平》《复活》和《安娜·卡列尼娜》等不朽著作，成为闻名世界的作家。

俗话说：“人贵有自知之明。”自知之明，就是人们对自我认知的正确态度，是成功者的重要素养之一。自知能让人找准自己在群体中所处的位置和与周围人的关系，自知能使自己清醒处事，客观评价个人的能力，能够让自己更为合理地把握个人的抉择，并有效地进行自我设计和自我成长。人有了自知，就能明察自我，正确审视自我，将自己的潜能发挥到极致。

扬长避短，将才能发挥到极限

内省和外交是了解自己的两种途径。通过交往，了解别人眼中的自己，对照自己眼中的自己，可以修正某些自我观念。交往越深，交往范围越大，获得的自我信息就越多、越全面。通过内省，可以审视自己的思想、言行，挖掘更深层的内容，了解自己的潜能。

如果对自己的形象和身体、品德和才能、优点和缺点、特长和不足、过去和现状以及自己的价值和责任都有一定的认识，那么一生都将受用无穷。反之，则会走向成功的反面。

有个青年酷爱写作，但他不爱读书，基础很差，常写错别字，但就是爱写，写了不少文理不通的稿子，四处投稿，均没被采用。他不去思考自己的问题出在哪里，总是一味地埋怨别人没有眼光，感叹自己运气不好，遇不到伯乐。他的妻子实在看不下去了，就劝诫他做些力所能及的事，不要在自己不擅长的领域里浪费时间，可他却责怪妻子对他的事业不理解、不支持。久而久之，家庭生活陷入了极度的困境。妻子无法忍受他的"执着"，愤然离他而去。

无法客观地去评价自己的能力，过高估计自己，就会使自己眼高手低，好高骛远；过低估计自己，就会自卑消极，不求上进。二者都不能使自己的才能得到正常发挥，不能使自己释放出最大的能量。

当一个人无法对自己做出相对准确的认识时，实践是不错的选择。实践会让人清醒地认识自我，在实践的风风雨雨中成功或失败，可检验自己方方面面的素质，重新认识自己。

有些人认为自己天生是当老板的材料，就下海经商。在实践中，有的人成功了，新的事业蒸蒸日上；有的人却失败了，下海呛了一肚子苦水，只得踏上归途，去做原来的工作。实践过程最容易让人清醒和认识自我。

人在从事一件从未做过的工作之前，很难对自己有一个正确的估计，对自己能否胜任这个新工作没有十分的把握。那就不妨尝试一下，实践一下，在实践中不断地总结成功的经验和失败的教训，时时反省自己，不断地对自我产生新的认识。

站错地方永远也成不了"宝贝"

人们对事物的价值都有一个大致的评价，知道什么是珍贵，什么是

微不足道。那么，一个人自身的价值何在？热门话题、流行时尚、理想职业、新潮流，在社会的喧嚣中，在别人的影响下，许多人看不清自己真正的价值，总是按照别人的看法设计自己的人生—让自己“生活在别处”。

给自己一个正确的定位很重要，定位决定人生，定位改变人生。一个人想在世上占一个什么样的位置，正确的做法就是根据社会需要、个人特长、人生目标等综合因素做出选择。

有一个乞丐站在地铁出口边行乞边卖地图。当然，别人主要是给予他施舍，一般不会去拿他的地图。有一个商人路过，向乞丐杯子里投入几枚硬币，便匆匆而去。过了一会儿，商人返回来取地图，说：哦！我忘了拿地图，你是在做生意，我也是，我们都是商人。几年后，这位商人参加一个高级酒会，遇见了一位衣冠楚楚的先生向他敬酒致谢，说：“我就是当初卖地图的乞丐。”就是因为商人的那句“你我都是商人”，改变了乞丐的人生。这个故事告诉我们：你怎么给自己定位，就要向什么方向去做。

1969年，美国营销专家里斯和屈特提出定位概念，即商品和品牌要在潜在的消费者心中占有位置，企业经营才会成功。随后，定位的外延逐渐扩大。大至国家、企业，小至个人、项目，均存在定位问题，事关兴衰成败。

汽车大王福特小时候帮父亲在农场干活，父亲和周围的人都要他在农场做助手，但福特坚信自己可以成为一名机械师。12岁时，他就在头脑中构想能够在路上行走的机器代替牲口和人力。于是，他用一年的时间完成别人要花三年的机械师训练。随后，他花两年多时间研究蒸汽机原理，试图实现他的理想，但未获成功。随后，他又投入到汽油机研究上来，每天都梦想制造一部汽车。终于有一天，他的创意被大发明家爱迪生所赏识，邀请他到底特律公司担任工程师。经过十年努力，福特29岁时，成功地制造了第一部汽车引擎。福特的成功，不能不归功于他的正确定位。

人生不同的阶段，要有不同的人生定位。只有这样，才能创造一个完美的人生。

俗话说："人生七十古来稀。"有一个老太太，认为到了这个年纪，已没有啥要做的事情，到了生命的尽头，便开始料理后事，不久就去世了。同样是花甲之年的另一个老太太则认为，现在没有那么多烦心的事情了，是生命的一个新的开始，她要给自己重新定位。在她看来，重要的不在年龄，而在于自己在世上重新找一个什么样的位置，怎么活出新的意义来。于是，她凭着坚强的信念和毅力，克服了许多困难，学习登山。在20多年里，她登上了好几座世界有名的高峰。95岁那年，她打破了登顶日本富士山最高年龄的世界纪录。这个70岁以后给自己定位的老太太就是著名的胡达·克鲁斯太太。

超前定位可以帮人们获取独一无二的机会。当别人尚未开始时，你已牢牢占据了先机。世界首富比尔·盖茨的成功就有这样的原因。

比尔·盖茨8岁时进入全美第一个开设电脑课程的学校。通过学习，盖茨迷上了计算机。1971年，盖茨所在的中学接到一项业务，为一家公司编写工资表程序。盖茨和几个同学接受了这项任务，完成后获得一笔奖金。随即，他们用360美元买

了一台处理器、电脑，合伙办起了一家公司，这是盖茨微软帝国的雏形。

盖茨定位成功的方法在于，当人们还不太了解一个新兴事物的时候，有些人已经走到了前面，成为那个行业的规则制定者。

《悲惨世界》是法国著名作家雨果的作品，小说中的主人公冉阿让由于偷了一块面包给饥饿的家人，结果被当作窃贼判了几年苦役。当他刑满出狱走投无路时，一位好心的神父收留了他。但他自认自己已被别人当成贼，就一不做二不休地偷了神父家中的银器不告而别，半路被警察扣查，并被带到神父那里对质。如果被查属实，他将被判终身监禁。不料神父说，银器是他送给冉阿让的。警察走后，神父还让他带走这些银器。神父没有把他当贼，而把他当好人，此事震撼了他的灵魂。从此，他就到了一个新的城市从事公益事业，专做好事，很快成为当地的市长。

由此可见，正确定位真是人生成功的妙方。

当一个人的人生定位发生偏差时，要及时发现并修正它，不知回头只会愈陷愈深，离成功越来越远。

第五节　找准自己，改变生活宽度

不能决定生活的长度时，就应努力改变生活的宽度。

不要指望父母给自己提供良好的机会和平台，也不能埋怨，因为埋怨无济于事。年轻人要学会审视自己现有的一切。这一切可能并不是那么尽如人意。但是，年轻朋友们应该看到的是，在现有的条件下，自己可以做什么，可以怎样做，只要把握住现在，就可以创造未来。

给自己一个成长的宽度

生活在今天，对一个聪明人来说，每一天都是一个新的生命。

青春年少时，多数人简单地认为只要考上大学，人生的命运就改变了。可是，大学毕业以后才知道，并不是有了文凭就能找到满意的工作。有太多令人羡慕的工作大学毕业生做不了。即使有能力，也不一定有机会去做。世界仿佛一下将人们的梦想击得粉碎，这时，年轻朋友们迷茫，无所适从。

自己似乎什么都能做，但又什么都不能做。大学学到的东西仿佛一夜间便失去了作用，没有一点儿用。除了一张文凭以外，还有什么可以让招聘公司动心的呢？年轻的朋友渴望机会，渴望一个能够让自己大展拳脚的舞台。但是，自己连最起码的工作经验都没有。年轻人是人生最容易迷茫的时候，也是最不容易找准自己位置的时候。

国内某著名教育学专家曾说过这样一段话："大众化时代的大学生不能再自诩为社会的精英，要怀着一个普通劳动者的心态和定位去参与就业选择和就业竞争。"在二十几岁的时候，无论找到一个多么令人信服的借口就此颓废，也只是把人生送进黑暗的地方。

想要还没有得到，因而年轻人不应该产生任何放弃努力的理由和借口。如果我们不能为改变命运做准备，生活的惯性就会让人们在不知不觉中接受命运，习惯于接受一切、忍耐一切。扪心自问：除了有"精神"和口号，还剩下些什么？也许最后只留下两滴冰冻的泪水。年轻人需要

行动和作为。不管在什么位置上，即使做一颗“螺丝钉”，也要发出自己的一分光、一分热。虽然还年轻，算不上“精英”，但“精英”一定会在年轻一代中脱颖而出。

年轻人也许缺少平台，暂时不能做什么，别人有所质疑，这些都无所谓，进入社会只是年轻人重新学习的开始。关键在于，年轻人一定要明白，自己所在的环境、行业能不能提供发展的机会。

做人不能好高骛远

进入社会工作和生活，最忌讳的是找不准自己的位置，好高骛远，眼高手低。找工作的时候盯着工作的待遇和环境，最后只能是处处碰壁，自尊和信心都受到打击。

有了高起点，个人的发展就会有高速度。但如果没有高起点，只要能找准自己的位置，在那个位置上做好准备，也会拥有一个不错的开始。

正泰集团股份有限公司董事长兼总裁南存辉，当年初中没毕业就当上了小鞋匠。南存辉上初二的时候才13岁，在毕业之前的半个月，他的父亲因为意外腿部骨折。医生说，他可能要休息一两年，而母亲的身体一向虚弱。南存辉作为家中长子，照顾弟妹、养家糊口的生活重担就全压在了他一个人的肩上。父亲是街坊上手艺精湛的老鞋匠，南存辉的第一份工作自然就子承父业，做起了一名修鞋师傅。他每天挑着工具箱早出晚归，在温州柳市镇走街串巷，摆摊替别人修鞋。艰苦的生活经历使南存辉养成了节俭的习惯。多次登上福布斯中国富豪榜的他生活依然俭朴，还让在美国留学的儿子自己勤工俭学挣生活费。儿子假期回温州，南存辉也要求他隐姓埋名，换上工作服到正泰公司的车间打工，和工人同吃同工作。

南存辉是一个事业专注的人，从事低压电器制造几十年间，公司的业绩曾在世界上名列前茅。但他还是跟记者说："我还没有做到最好，只有把这块市场做到最好了，我才会考虑做其他的。"踏实是他给人的第一印象，这跟他的修鞋经历是密不可分的。当年尽管他的年龄很小，但在附近的同行里，南存辉的生意一直好于别家。原因就在于他不但动作熟练，而且总是修得更用心一些、质量更可靠一些。看着年幼的南存辉独自担起生活的重担，心疼他的父亲经常用朴素的道理告诫南存辉，蜈蚣虽有百脚，但也只能一步一步地走，做人做事也一样要脚踏实地。

由于南存辉修的鞋质优价廉，生意很快就红火起来。后来，有很多人宁愿舍近求远跑来找他修鞋。这使他明白，质量就是生命线。这更为他后来极其重视产品质量的思想打下了坚实的基础。

许多成功的企业家都是草根出身，没有值得炫耀的第一份工作，也没有让人羡慕的父母身家。这些白手起家的企业家靠自己的勤劳双手准确地抓住了好时机。他们一步一个脚印地累积财富，虽然文化程度不高，却坚持不断学习，以自己的智慧和努力成就了自己，也成就了一番傲人的事业。

第六节　不要用别人的标准来衡量自己

生气是拿别人的错误惩罚自己。但在现实生活中，这样惩罚自己的人却屡见不鲜：下级犯了错误，上级很生气，脾气火暴、声色俱厉，伤的其实是自己；上级作风官僚，下级很生气，烦闷憋屈、愤愤不平，伤的其实是自己；同事之间磕磕碰碰，怒火中烧、互相攻击，伤的其实还是自己。错误应该受到惩罚，但未必要通过生气来实现。既然错误在他人，为何自己要生气？岂不正是拿别人的错误来惩罚自己？

有容乃大，无欲则刚

古时候，有一位妇人特别喜欢为一些琐碎的小事生气。她也知道自己这样不好，便去求一位高僧为自己谈禅说道，使自己的心胸更开阔。

高僧听完了她讲述的一番话，一言不发地把她领到一间禅房中，锁上门走了。这个妇人气得当时就跳脚大骂。骂了许久，高僧也不理会。妇人又开始哀求，高僧仍置若罔闻。最后，她只能沉默了。

过了一会儿，高僧来到门外，问她："你还生气吗？"

妇人说：“我只为我自己生气，我怎么会到这地方来受这份罪。”

高僧拂袖而去，走之前说：“一个人连自己都不原谅，怎么可能会做到心如止水？”

过了一会儿，高僧又问她：“还生气吗？”

妇人说：“不生气了。”

“为什么？”

“气也不会有什么结果。”

“你的气并未消逝，还压在心里，以后爆发出来时将会更加剧烈。”说完，高僧又离开了。

当高僧再一次来到她门前时，妇人告诉他：“我不生气了，因为不值得气。”高僧笑道：“还知道值不值得，可见心中还有衡量，气还是没有完全消。”

当高僧的身影迎着夕阳立在门外时，妇人问高僧：“大师，到底什么是气？”高僧把手中的茶水洒在地上，妇人视之良久，忽然间明白了，叩谢而去。

人为什么要生气呢？《三国演义》中的周瑜“风雅超群，乃一代儒将”，战场上智勇皆备、盖世无双，但最终还是被诸葛亮略施小计而气得败下阵去。

人生，有容乃大，无欲则刚。对别人宽容，就是对自己宽心，每个人都应该用心体会人生幸福的真谛。生气就是拿别人的错误来惩罚自己！每个人都要认清自己的权利，必须懂得：每一个人都有同样的权利，必须明白，想要左右别人的人只会让自己的愤怒有增无减。

如何控制易怒的情绪

那么，怎样才能处理好易怒的情绪呢？不妨参考一下下面的方法。

☆懂得幽默自嘲

如果可以退一步，视生命如一出戏，便可发现生命的许多状况都是荒谬的。试着对生命中的一些事情一笑了之，幽默常可减轻压力。如果生气时有一面镜子在面前，就一定能看到镜子里的那个家伙两个鼻孔冒着“热气”，这个样子其实是很滑稽可笑的。

☆扩大时空距离

生气时，问问自己：下星期，明年或100年后，现在让自己感到生气的事还很重要吗？这可帮助人们检视情况，决定生气是不是一种很适当的反应。

☆和自己沟通

一个人生气的时候，要跟自己沟通，问问自己发生了怎样的事，想怎样，害怕什么？这时要提醒自己，过去与现在的想法不一定总是一致的。

☆克制易怒心理

在某种情况下，如果知道自己会有愤怒的反应，试试将它缓解并逐步抛弃。首先由一数到十，再慢慢增加。当从一数到一百，通常就可以控制自己了，也就是说做到了控制愤怒。如发现有人使自己生气，那就说：“等一下！”这句话能给自己时间想想正发生什么事。谨记，要获得更多考虑时间的权利。

☆不忍气吞声

假如某个人喜欢假装喜欢一些事实上并不喜欢的东西，或赞同一点儿都不喜欢的人，以后就不要再欺骗自己了。事实上，任何人都不必对所有不喜欢的人或事生气。可以超越他们，也可以与他们沟通、一起工作，甚至可以干脆不理他们。

相同的人生，不同的心态，看待事情的角度迥然不同。要能跳出来看自己，以开朗、宽阔、包容的心态来关照自己，认识自己，不苛求自己，更重要的是超越自己，突破自己，因为好好生活才有希望。讨厌的人已经走远了，却还为他生气，何必呢？没错，其实就是在用别人的错误来惩罚自己。跳出来看自己，不妨换个角度看自己，就会发现生活的苦、累或开心、舒坦取决于人的一种心境，对生活的态度，对事物的感受。跳出来换个角度看自己，就能从容不迫地面对生活，再也不会用别人的错误去惩罚自己了。

人非圣人，孰能无过?

人类是情绪多变的，在不知不觉中，会将情绪带到工作或学习生活中。在当今社会，一个人扮演着多种角色。一个再完美的人，也不可能在每个方面都得心应手，任何时候都是风光无限。一个人在遇到不顺心的事情时，也许在某些特殊的场合、特殊人面前能够控制自己。但在某些环境，如在家里，对待家人，有可能把负面情绪发泄到家人身上。家人如果能理解他的苦衷，不与他计较，或用温情去了解，去感化，或用忍耐、沉默去接受，用时间作为乳合剂，相信一段时间后，事情会往好的方面转变。但如果家人认为自己是无辜的受害者，与之相抗衡，针锋相对，家庭便会硝烟四起，每天争闹不休，最后落得两败俱伤，家庭破碎。这就是用别人的错误去惩罚自己的恶果。

俗话说得好："进一步山穷水尽，退一步海阔天空。"人生就是要进退自如，用平静的心态去看待世间事物，不要用别人的错误去惩罚自己，否则，吃亏的人一定是自己。

人非圣贤，不可能做到"至人无己，神人无功，圣人无名"。人们

应该学会善待生活，善待自己。“尺有所短，寸有所长；物有所不足，智有所不明”，完美无瑕是每个人梦寐以求的，但绝对完美是任何人都难以做到的。

“见贤思齐焉，见不贤而自省也”是一种乐观积极的生活态度，但没有必要因为别人的失误而自暴自弃。拿别人的错误寻开心是一种无知，拿自己的错误开玩笑是一种自残。借鉴自己的失败经验是明智的人，借鉴别人的失败经验是一个聪明的人，千万不要用别人的错误来考验自己。

生活中，矛盾无时不在，失误无处不有，那就看人们如何对待它了，聪明的人往往能做到“受气不怄气”。

那么怎样才能做一个不生气的智者呢?

◇做到不用生气来惩罚自己

生气、怄气不仅不能解决任何问题，最直接受到伤害的还是自己。因为生气而吃不下饭、睡不着觉、血压升高，甚至旧病复发，这都是惩罚自己。尤其是那些以“气人为乐”的人，使别人生气正是这种人的目的，所以生气就是帮助别人达到目的。

◇换个角度看别人

当自己的心灵受到伤害时，如果能站到对方的位置上，想想若自己处在这种情况下，是不是也会这样做。若是朋友、亲友和同事伤害了自己，想想他们昔日曾有过的关心帮助和各种照顾，生气就能大减，怨气渐消。同时，朋友、亲友和同事间的矛盾也会消除了。

◇要胸怀博大，有自知之明

有的时候怄气并不是别人的责任，而是自己心胸狭窄，容不下别人。如有的人生性好胜，不甘落后，见不得别人比自己强，谁超过自己，他就嫉妒谁，谁比自己强，他就怀恨谁。虽然嫉妒心理人皆有之，但智者应明了，没有什么理由可以不许别人超过自己。

◇转移心态

如果是自己实在摆脱不了的烦恼，就必须想方设法转移自己的注意力，比如去打扑克、下棋、看电视、听音乐或者去林间散散步等。

拳王阿里12岁时，趾高气扬，目中无人。他在对假想的对手练习拳击时，总爱说："我将成为最出色的拳击手。"为此，他的父母深感不安。有一位教练看不惯他说大话，对他说："你永远不会有出息的。"在18岁那年，阿里在罗马奥运会上夺得金牌，成为全世界最出色的拳击手。阿里说，正是那个否定他潜力的教练激起了他要成为最出色的拳击手的愿望。

将别人的错误转化为自己进步的动力就是阿里的成功。假如阿里因为父母的不信任、教练的嘲讽而走向自卑，停止练习拳击，转而蹲下来，看着自己心灵的创伤而沉吟不已，抱怨父母，怀恨教师，拿别人的错误来惩罚自己，就不可能在事业上取得成就。

第七节　依据气质来规划未来

气质是人生规划的气象因子。了解自己的气质类型，有助于帮自己定好位。

气质是指表现在人的心理活动和行为动力方面的稳定的个人特点。气质具有相当的稳定性，主要表现在心理活动的速度、强度、灵活性方面。简而言之，气质是一个人所具有的一种相对稳定的心理特性。所谓的"脾气""禀性""江山易改，禀性难移"，就是说气质的稳定性。

生活中，有的人性情急躁，易发脾气，遇事不能三思而后行；有的人冷静沉着，不轻易动肝火，遇事三思而后行，虽然内心不快，但也不

立即表露出来；有的人动作迅速，言语伶俐而有力，很容易适应变化的环境；有的人行动缓慢，语言缓慢无力。这些心理活动的特点会给全部心理表现涂上一层色彩，从而体现出人的气质特性。

气质类型的划分，最流行也是最有效的是从古希腊沿袭下来的四种类型的划分，即多血质型、胆汁质型、黏液质型、抑郁质型。了解自己的气质类型，对生活、事业、爱情、身心健康都有直接的帮助。

多血质型

多血质型具有反应迅速、有朝气、活泼好动、动作敏捷、情绪不稳定、粗枝大叶等特点。该类型的人的行动有很高的反应性。他们会对一切吸引他们注意的事物做出生动的、兴致勃勃的反应。这种人行动敏捷，有高度的可塑性，容易适应新环境，也善于结交新朋友。他们一般属于外向型，姿态活泼，表情生动，有语言表达力和感染力。他们还具有较高的主动性，在活动中表现出精力充沛，有较强的毅力。但有时候，他们在平凡而持久的工作中热情容易消退，最终会萎靡不振。

胆汁质型

胆汁质型的人具有精力旺盛、表里如一、刚强等特征。该类型的人反应速度快，具有较高的反应性和主动性。他们脾气暴躁、不稳重、好挑衅，但态度直率、精力旺盛。他们能以极大的热情工作，克服前进道路上的障碍，但有时表现出缺乏耐心。当困难太大而需要特别努力时，会显得意气消沉、心灰意冷。这种人可塑性差，但兴趣较稳定。

黏液质型

黏液质型的人稳重但灵活性不足，踏实但有些死板，沉着冷静但缺乏生气。该类型的人反应性低，情感不易发生，也不易外露。他们态度持重，交际适度，对自己的行为有自制力。他们心理反应缓慢，遇事不慌不忙。他们的可塑性差，不够灵活。这一方面使他们能有条理地、冷静地、持久地工作，另一方面又使他们容易因循守旧，缺乏创新精神。他们的行为一般表现为内向型，对外界的影响很少做出明确的反应。

抑郁质型

此类型的人具有敏锐、稳重、体验深刻、外表温柔、怯懦、孤独和行为缓慢等特征。该类型的人具有较高的感受性和较低的敏捷性。他们的心理反应速度缓慢，动作迟钝，说话慢慢吞吞。多愁善感，容易感情出现问题，反应微弱而持久。

他们一般属于内向型，不善于与人交际，在困难面前常优柔寡断，在危险面前常表现出恐惧和胆怯；在遇到挫折后，常心神不安，不能迅速地转向新的工作。他们的主动性较差，不能把事情坚持到底。但这种人想象力比较丰富，十分聪明，对力所能及的任务表现出较强的坚韧精神，能克服一定困难。

以上四种气质类型有着明显的区别。但在实际生活中，并不是每个人都能明确归入某一气质类型，非此即彼，大多数人都属于中间型或混合型，较多地兼有某一类型的特点，同时又兼有其他类型的特点。

人的气质是各种各样的，它表现了人的神经系统的某种特性。正如

人的神经系统没有好坏之分一样，气质也不存在好与坏之说。每种气质类型都既有积极的一面，也有消极的一面。它不决定一个人的性格发展方向，也不能决定一个人能力的大小。

每个人身上不同的气质都具有不同的优缺点。在任何一种气质类型的基础上，既可以发展出良好的性格特征和优异的才能，也可以发展出不良的性格特征和限制才能。在规划自己的气质时，要结合气质特点来审视自己，这将对自己大有裨益。

第3章

信心支撑梦想

命运给每个人都安排好了一个“位置”，为了不让人们在到达这个位置之前就跌倒，它要让人对未来充满希望。正是由于这个原因，那些雄心勃勃的人都带有强烈的“自以为是”的色彩，甚至到了让人难以容忍的地步，但这却是为了使其获得继续向前的动力。一个人的自信，预示着他将来的大有作为。

第一节 相信是万能的开始

在认识自己的基础上，充分地相信自己，才是成功的关键。相信自己可以在面对困难与挑战的时候，将自己最大的潜能释放出来；相信自己可以在理解和兴趣的引导下，坚定不移地走向成功。

自信是成功的必备条件

做什么事都要相信自己，自信是每个人都应该具备的。一个人要是没有了自信，到什么时候都不会成功。

伟人都对自己拥有超越平常人的信心。英国诗人华兹华斯毫不怀疑自己在历史上的地位，也不耻于谈论这一点，也预见自己将来的名声。凯撒大帝一次在船上遭遇暴风雨，船长非常担心。恺撒大帝说：“担心什么，你是和恺撒在一起。”

命运给每个人都安排好了一个“位置”，为了不让人们在到达这个位置之前就跌倒，它要让人们对未来充满希望。正是由于这个原因，那些雄心勃勃的人都带有强烈的“自以为是”的色彩，甚至到了让人难以容忍的地步，但这却是为了让他获得继续向前的动力。一个人的自信，预示着他将来的大有作为。

相信那些充满自信的人，也是一种保险的做法。如果一个人开始怀疑自己的正直诚实，那么，这离别人对他产生怀疑也为时不远了。道德上的堕落，往往最先在自己身上露出征兆。

今天的人每天马不停蹄地忙碌着，没有时间去寻找智慧的大师，而宁可相信一个小人物对自己的评价，除非有一天能够证明这个人的确不行。今天的世界是一个重视勇气和胆量的世界，一个总爱抱怨、似乎生活本身就是个巨大错误的年轻人，难免要受到人们的轻视。

德国哲学家谢林曾经说过："一个人如果能意识到自己是什么样的人，那么，他很快就会知道自己应该成为什么样的人。但他首先在思想上得相信自己的重要，很快，在现实生活中，他也会觉得自己很重要。"

对一个人来说，重要的是他自己能相信自己的能力，如果做到这一点，那么他很快就会拥有巨大的力量。"固然。谦逊是一种智慧，人们越来越看重这种品质，"匈牙利民族解放运动的领袖科苏特说，"但是，我们也不应该轻视自立自信的价值，它比任何个性因素都更能体现一个人的气概。"

自尊＋自信让人能量无限

"依靠自己，相信自己，这是独立个性的一种重要成分，"米歇尔·雷诺兹说道，"是它帮助那些参加奥林匹克运动会的勇士夺得了桂冠。所有的伟大人物，所有那些在世界历史上留下名声的伟人，都因为这个共同的特征而同属于一个家族。"

英国历史学家弗劳德也说："一棵树如果要结出果实，必须先在土壤里扎下根。同样，一个人也需要学会依靠自己，学会尊重自己，不接受他人的施舍，不等待命运的馈赠。只有在这样的基础上，才可能做出成就。"

青年人应该培养自己的自尊，使自己超越于一切卑贱的行为之上，从而与各种各样的侮辱与不体面绝缘。

在一次法庭辩论上，作为辩护律师的库兰说："我研究过我收藏的所有法学著作，都找不到一个这样的案例—在对方律师反对的情况下，还可以预先确定某项条件，这样的事情从来没有发生过。"

主审的罗宾逊法官打断了他的话。

这位法官是因为写过几本小册子才得到现在的职位的，但那些书写得非常糟糕，粗俗不堪。他接着说："我怀疑你的图书馆藏书量不够。"

"确实，先生，我并不富裕，"年轻的律师十分镇定，他直视着法官的眼睛，"这限制了我购书的数量。我的书不多，但都是精心挑选，而且是仔细阅读过的。我阅读了少数精品著作，而不是去写一大堆毫无价值的作品，然后才进入这一崇高的职业领域的。我并不以我的贫穷为耻，相反，如果我的财富是因为我卑躬屈膝，或是用不正当手段获得的，那我会真正感到羞愧。我或许不能拥有显赫的地位，但我至少保持了人格上的正直诚实。倘若我放弃正直诚实去追求地位，眼前就有很多的例子告诉我，这么做或许会让我得到所需要的东西，但在人们的眼里，我却只会显得更加渺小。"从此以后，罗宾逊再也不敢嘲笑这位年轻的律师了。

只有自信与自尊，才能够让人们感觉到自己的能力，其作用是其他任何东西都无法替代的。而那些软弱无力、犹豫不决、凡事总是指望别人的人，正如莎士比亚所说，他们体会不到也永远不能体会到自立者身上焕发出的那种荣光。

在每一个人的一生当中，每一个年龄段都会有自己的梦想。从小时候想象自己像鸟儿一样的飞翔，像解放军一样成为英雄，或者做一个人人夸奖的小雷锋，学习差的学生也有梦想考第一名的时候。长大了一点儿后，就会被生活的压力和环境的变迁以及身边人群的变化所影响。渐渐地，会发现你已不是原来的自己了，为家庭而活，为他人而劳动，甚至都不知道自己为什么而活着。有时候会感到很迷茫，更多的时候你会感到自己无所事事，更可能的是感到悲观、失望。

悲观、失望只会消磨人的斗志和勇气，只会让平凡的人变得更平庸，只会让懦弱的人变成随波逐流的生活的玩偶。人任何时候都不能丧失信心，信心是一个人学习、就业、成功、立身、做人必不可缺少的支柱。一个人没有了信心，就像鸟儿没有了方向。所以，无论是顺境还是逆境，人都要相信自己。

人在处世之中，身处一个大的环境，当然会遇到许多困难。想实现自己的梦想，也许只有一个办法，那就是相信自己，依靠自己。只要你有理想，有信心，坚信你自己的理想，相信你自己绝不比别人差，你就迈出了走向成功的第一步。

做一件事情之前，我们首先要相信自己，这样才会从中找到感觉，感觉好了，才会有行动的欲望，行动多了，才会有经验，经验丰富了，才会出业绩，有了业绩就会更加相信，从而找到更好的感觉，更积极地行动。

相信自己的意志和决心，会使你更快地走进成功。人生都是在走自己的路，怎么走是要靠自己选择的。而坚持、勇敢、坦然面对就成了人生中最重要的东西，相信自己的努力和信心吧！成功将是你永远的朋友。

第二节 自信让你更胜一筹

每个人每时每刻都在展现自己的心态，每时每刻都在表现希望或担忧。一个人的声望以及他人对自己的评价与个人的成功有很大的关联。假如别人不相信或因为思想上的矛盾而表现出消极软弱进而认为这个人无能和胆小，那么，个人将难以向更高的空间发展。

假如展示给人的是一种自信、勇敢和无所畏惧的形象，假如具有那种震慑人心的自信。那么，这个人的事业必定会获得巨大的成功。

假设一个人养成了一种怀有必胜信心的习惯，那别人就会认为，这个人比那些丧失信心或那些给人以软弱无能、自卑胆怯印象的人更有可能赢得未来。

换言之，自信和他信几乎同等重要。而要使他人相信自己，自身首先必须展现自信和必胜的精神。

怀有胜利者心态生活的人和怀有征服者心态生活的人，与那种以卑躬屈膝、唯命是从的被征服者心态生活的人相比，与那种仿佛在人类生存竞赛中遭到惨败的人相比，是有很大区别的。

例如西奥多·罗斯福这样似乎每个毛孔都激情四射的人，这样总给人以朝气蓬勃、能力超凡印象的人，与那种胆小怕事、自卑怯懦的人，与那种总是表现得软弱无能、缺乏勇气与活力的人相比，其影响有多么大的不同啊！世人都热爱信服那种具有胜利者气度的人，那种给人以必胜信心的人和那种总是在期待成功的人。

使别人信服和给人以充满活力印象的，正是每个人身上那种魔幻般的自我肯定力。如果一个人的心态不能提供精神动力，那么这个人很可能会在社会上获得一个负面评价。一些人总是奇怪自己为什么在社会中如此卑微，如此不值得一提，如此无足轻重，其中的原因就在于他们不能像征服者那样去思考，去行动。他们没有获胜的自信心态，总给人以弱不禁风的印象。事实上，只有拥有积极思想的人，才富有魅力。反之，拥有消极思想的人，则令人反感。而胜利者总是青睐精神上先胜一筹。

有一些人给人们留下这种印象，即他们绝不可能成功。这类人所有的期待便是侥幸能过上一种富有享乐的生活。在他们的眼中全是单调艰苦的工作。他们从开始就认为生活充其量不过是一件苦差事罢了。而事实上，多数人的生活常常是与快乐相伴，并享有荣耀和尊严的。正常的生活应该是积极向上的，应该是一个知识不断扩展、深化，社会认识不断成熟的过程，应当是将人们心头渐露端倪的良性认识更深入地推向前进的过程。正常的生活应该赋予人们一生十足的满意感。没有任何东西能替代这种成就感，更没有任何东西可以替代这种胜利常伴常依的意识。

要把这样一种观念灌输进自己的骨髓和血液中，正是这种观念一直告诉人们，自己生来就是为着胜利，生来就要赢得胜利，这种观念就是构成胜利的唯一材料，正如多数人所认为的那样，没有人生来就是弱者。

如果总是拥有胜利的心态，相信自己有着美好的未来，那就不可能出现失败。据科学家和社会学家研究探索，对未来的教育下了这样一个结论：家长在教导孩子时要展示力量，要显得充满活力，并告诫孩子们要有胜利的心态。这种教育将视为孩子教育和家庭抚养的一个极其重要的内容。

亮出你的实力

身正不怕影子斜，一个人要想凡事都做到问心无愧，其前提是他的

精神首先必须是健康的。

想拥有成功的心态，就必须要远离各种妒忌、仇恨和哀怨的思想，就必须养成一种平静、安详的心理境界，这种平静和安详才是伟大的个性。成功和幸福的全部诀窍就在于坚信自己会成为理想中的人物，就在于坚信自己努力从事的事业获得成功，并取得收获。

刚刚开始独立生活的年轻人往往都渴望成功，但是千万不能这样对自己说："我很想获得成功，但我不相信我真的会成为心中渴望的理想角色。我所从事的职业、我所从事的工作行业已人满为患，在这一领域，许多人都无法取得成就，甚至许多人都没有饭碗。因此，我认为选择这一行业是自己犯了错误。或许我的真正的好运气还没来，也许我会在某个地方出人头地。"抱有这种想法并以这种想法去行动的年轻人也许真能在某个地方"出人头地"。但事实上，这种"出人头地"的最后结果很可能就是狼狈不堪，甚至不名一文。

事实上，他人的评价是根据一个人的实际能力而不是根据其夸夸其谈来判定的。必须在他人面前展现真实的东西。谁都可以说自己渴望任何有价值的东西，但是，别人的评价依据这个人留给他们的真实印象就是这个人的现实情况。无论言辞怎样动听，无论话语多么悦耳，都无法阻止他人了解一个人的底细和内在的真实想法。如果心中不满，心生妒忌或羡慕，如果你并不友好或充满敌意，他人都能感觉得到。一个人的言辞也许能蒙蔽人于一时，但是不可能改变作用于他人的人际磁场，除非自身改变对他人的整个心态。

这种心态糟糕而又一心想获得财富的人是极其可笑的！这类人的"尊容"仿佛在说："成功，离我远远的吧！不要靠近我。我确实想拥有你，但你显然不会属于我。我对人生并没有太高的奢求，虽然我希望自己身上能发生那些更幸运的人身上能有的那些好事，但我实际上并不确定它们会发生。"对于怀有这种心态的人，成功绝对是敬而远之的。

积极的心态赢得过程

当然，没有谁想赶跑机会、成功和财富，但是由于某些人充满怀疑和担忧，缺乏信心和勇气，无形中赶跑了财富、机会和成功，但他们自己却还蒙在鼓里。

有些人过着既说不上成功又说不上失败，既说不上富裕也说不上贫穷的生活。他们生命的大部分生活状态都介于贫困和富足之间，因为一部分时间他们的心态是积极的、建设性的，而另一部分时间他们的心态则是消极的，因而也是非建设性的。因此，这种人就像钟摆一样摇摆不定。这种人一旦获得一点儿勇气、希望和激情，他们就能创造一些财富，因为他们有时的思想是积极的、富于创造力的。而一旦他们丧失信心，变得沮丧气馁时，他们的思想充满怀疑和忧虑时，心态就变得消极起来，因而也就没有了创造力，也就不能创造财富，他们就会重新滑落到贫困的生活中去。

假如人们始终如一地以一种建设性的、创造性的心态来生活，那么，生活中将充满各种美不胜收的累累硕果。

第三节　自我肯定，让内心充满正能量

建立自信，可以借助积极自我暗示的方式，情商高的人总是相信自

己能够做成一些事情。别人能行，自己也能行；别人能够做到的事情，自己同样可以做到。在自己的书桌上、床头上放上一些激励的话语。在做事之前，与人交往之前，特别是在遇到困难的时候，要反复默念这些激励的话语。这种自我暗示能够鼓舞人的斗志，能够增加心理的力量，使自己树立信心。

积极的自我暗示

树立自信，其中重要的一项是要注重仪表，保持良好的精神风貌。正如一身笔挺的西装会使一个男子看起来非常稳重，一袭长裙会使一个女子看起来非常端庄迷人。良好的仪表能够得到别人的夸奖和好评，所谓第一印象就是这个意思。仪表能够提高人的精神风貌和自信心，有自卑心理的人应该注意学会注重自己的仪表。保持衣着整洁大方，当自己的仪表得到别人称赞时，自信心一定会增加。

建立自信的另一个要点是，需要勇于正视别人。一个人的眼神就可以透露出许多关于他的消息。当别人没有注意到时，就应该问自己："为什么他不注意我？为什么我害怕接触他的眼神？"不敢正视别人，通常意味着自卑、不如别人，或者是做了一些不希望被别人知道的事情，害怕跟别人接触的时候被人看穿。

其实，情商高的人往往能够勇敢地正视别人，因为他们认为正视对方会传递这样的信息："我很诚实，我是光明正大的，我所说的是真实的，你完全可以信任我。"眼神会为自己工作，勇于正视能在无形中增加自信心，并且能够赢得他人的信任。

王丽是我国恢复高考后的第一届大学生。她在学校的成绩十分优秀，她的专业技能也是数一数二的。因为这个原因，她毕业之后分到了一个很好的单位。她成为同龄人中的佼佼者。随着时间的飞逝，王丽的很多同学都已经有所作为，而她却还在原来的岗位上。

这是因为王丽生性胆怯，她非常害怕和陌生人打交道，一开口讲话就脸红。有些时候她不得不跟随自己的单位同事和丈夫参加一些社交活动，但是她总是感到非常不自在。最让王丽感到难过的是在年初，每年这个时候单位要举行处级干部竞争上岗。

既然是竞争，就需要上台演讲。王丽却没有足够的勇气和胆量上台，她每次都只能白白放弃机会。她的专业和资历并不比别人差，但是由于她缺乏自信，她的胆怯、害羞、自卑拖了她的后腿。所以，她在单位工作多年却没有机会被评上任何荣誉。

有这样一种情况：很多思路敏锐的人在参与讨论的时候偏偏无法发挥他们的长处。可以说，这也是情商低的表现。并不是这些人刻意要隐藏自己的才能，而是因为他们缺乏自信。这类人总是有这样的想法："我的话别人是不会采纳的，要是说出来就太愚蠢了。别人肯定比我懂得多，我最好什么也别说，以免出丑。"又或者，他们会这么想："下一个就是我，我一定要发言！"但是当前者发言完毕的时候，他又不敢站出来，便又告诉自己，下一次。这样，机会就白白流失。

积极发言需要有自信，一旦有了机会，就应该立刻去抓住它。高情商的人往往能够做到：该说的时候就说，不用考虑你是在说什么，只要拿出自信，敢说出自己的想法。相信周围的人都会对自己刮目相看。这样，次数一多，一个人的自信就会不断增长，就会越来越善于表达自己。

建立自信还有一个要点，那就是要敢于挑前面的位子坐。坐在前面能够建立信心，并且比较显眼，有关成功的一切都是显眼的。想要做一个成功的人，就应当从细节处出发，将自己的能力显现出来，才能够得到认可。此外，还要学会咧嘴大笑，真正的笑不仅能够治愈自己的不良情绪，同时还能够化解别人的敌视情绪。同时，这也是建立自信的方法，代表着一个人的大方和热情，是一种很好的表达方式。

斯坦尼夫斯基是俄国著名的戏剧家。有一次，他在排演一出话剧的时候，女主角受伤不能演出了。斯坦尼夫斯基实在是找不到人了，加上戏剧马上就要上映了，他十分焦急，只好拉来自己的姐姐演绎这个角色。

他的姐姐只是一个服装道具的管理员，突然当主角，她一下子产生了自卑胆怯的心理。排演的时候，表现得非常差，这让斯坦尼夫斯基非常不满。

斯坦尼夫斯基突然停下排练，他大声地说："这场戏是这部戏剧的关键，如果女主角仍旧演得这么差劲儿，整个戏就没有办法往下排了。"这时全场都十分安静，他的姐姐很久都没有说话。

突然，他的姐姐抬起头来，说："排练吧！"她一扫之前的自卑和胆怯，表现得非常自信，非常真实。这让所有的人都感到十分意外。斯坦尼夫斯基高兴地说："我们又拥有了一位新的表演艺术家。"

这便是自卑和自信的差异。同时也说明，有些时候，建立自信可以用激将法，激发出自己的潜力。这样，便能够打破之前的拘谨和羞怯，重新拥有自信。

不需要整天自责自己的不足，而要相信"天生我材必有用""天行健，君子以自强不息"。即使自己因失败而陷入自责时，也要激励自己，不要做完美主义者，换一个角度看问题，把它变成新起点。树立自信，做自己的伯乐，善于发现自己的优点，及时激励自己，一个人的自信心一定会大增。拥有自信，便能够抓住每一个可能的机会，实现自己的人生目标！

告诉自己："我能行"

"我能行"，表示了对自己十分的自信。坚信"我能行"，一个人才可与成功握手。雄鹰因为坚信"我能行"，才搏击长空，成为广阔蓝天上的强者；海燕因为坚信"我能行"，才冲风冒雨，追波逐浪，成为辽阔海洋上的勇士；人类因为坚信"我能行"，才奋发图强，成为地球的主宰！

有位古希腊哲学家在临终前有一个遗憾——他多年的得力助手没能给他寻找到一个最优秀的闭门弟子。

那位忠诚而勤奋的助手，不辞辛劳地通过各种渠道四处寻找了。可他领来一位又一位，都被哲学家婉言谢绝了。

半年之后，哲学家眼看就要告别人世，最优秀的人选还是没有眉目。助手非常惭愧，泪流满面地坐在病床前，语气沉重地说："我真是对不起您，令您失望了！"

"失望的是我，对不起的却是你自己。"哲学家说到这里，很失望地闭上眼睛，停顿了许久，才又不无伤心地说，"本来，最优秀的就是你自己，只是你不敢相信自己，才把自己给忽略、给耽误、给丢失了……其实，每个人都是最优秀的，差别就在于如何认识自己、如何发掘和重用自己……"话没说完，一代哲人就永远离开了他曾经深切关注着的这个世界。那位助手非常后悔，甚至自责了整个后半生。

西方一位哲学家曾说："人都是天才。"因为每个人都在某一方面与众不同，或优胜于人。大自然赐给每个人的潜能，等待着去开发！要相信，没有什么人是没有天赋的，那些以为自己没有天赋的人，只是一些尚未开发出自己潜力的人。要真正发现自己，必须要经历一次战胜自己的体验，相信自己能行！

玛格丽特是《飘》这部流传世界小说的作者。在26岁那年，她决定写一本以美国内战为背景的小说，并称之为"美国最伟大的小说"。她在写这部小说时，方式很特别，最先写好的是最后的一章，然后这写一章，那写一章。但对于书中的细节，她却相当认真考究。举例来说，为了描写夏日骄阳下的红色黏土道路，她一定要亲自走过才下笔；为了描写一幢焚毁的旧农舍，她也一定要找到那样的屋子研究……

就这样，她一直持续着美国最伟大的小说的写作计划。壁橱的稿件越积越多。朋友偶尔问她："在写什么？"她总是笑着回答："当然在写美国最伟大的小说。"但是除了她丈夫外，谁也没有看过。

九年来，玛格丽特从没间断她的伟大创作。1935年，麦克米伦图书公司副董罗德到亚特兰寻找新作家，玛格丽特的几位好友知道她在写一部"美国最伟大的小说"，便建议哈罗德前往接洽，但是玛格丽特却两度拒绝，因为她觉得自己还未完成。

直到有一天，玛格丽特抱着小说原稿跑到哈罗德住的旅馆对他说："我现在在楼下的会客厅，我的小说完成了。你若想看我的稿子，快点儿下来，要不然，我会改变主意的。"

不久，这本书出版了；投入市场后，空前畅销，6个月内就卖了100万册。大卫赛尔兹涅克根据这本小说拍成了经典名片《乱世佳人》这部电影在世界各地放映。

生活的道路曲折坎坷。在生活的路上，难免会有坑坑洼洼不平坦之时，有荆棘丛生的艰难之地，也有崇山峻岭、断壁峭崖上的危险之地。面对这些困境，坚信自己能行，让自己在困境中绽放出一个最灿烂的笑容，坦然地去面对、去承受。鼓起勇气，告诉自己："我能行。"

20世纪50年代之前，人们一直认为要在4分钟内跑完1英里（约1.6千米）是件不可能的事。可是，1954年5月6日，美国运动员班尼斯特打破了这个世界纪录。他是怎么做的呢？每天早上起床后，他便大声地对自己说："我一定能在4分钟内跑完，我一定能实现我的梦想，我一定能成功！"这样大喊100遍，然后在他的教练库里顿博士的指导下，进行艰苦的体能训练。终于，他用3分56秒的成绩打破了1英里（约1.6千米）长跑的世界纪录。有趣的是，在随后的一年里，竟有37人进榜，而在后面的一年里更高，有200多人。

不要总是否定自己，而要对自己充满信心，相信自己能行。如此，它就会产生巨大的精神力量，化山穷水尽为柳暗花明。德国学者鲁多夫·洛克尔有段名言："信心是行为的父亲。你只要相信自己的目标，就可以说你已经走了一半的路程了。"这句话充分说明了相信自己是成功的精神动力、力量的源泉。

所以在做任何事情时，都应该抱着"我一定能行"的自信态度，不管做得好与坏，都应该相信自己一定可以，这样才能做得更好。如果在没做这件事情之前就认为自己做不好或认为自己不会做，那就说明这个人的人生观太消极了。要知道，任何成功都是在尝试后取得的，相信自己能行，才能一步一步地接近成功。

著名作家金波在《我能行》的歌中写道："如果面前是一座山峰，

我们就勇敢去攀登，如果遇到一场暴风雨，我们就是翱翔的雄鹰。

跌倒了，爬起来，说一声，我能行，骨头变得更硬；失败了，不气馁，说一声，我能行，再去争取成功。我能行，有信心；我能行，更坚定；我能行，去开创新的人生。”

《东方之子》栏目在采访邓亚萍时问道：“你怎么会每次都获得冠军呢？”邓亚萍竖起一个大拇指说：“我自信！”的确，在赛场上，人们总能听到邓亚萍充满自信地喊“赛！”“好球！”来肯定自己。正是这份自信使得先天条件并不好的她多次蝉联世界乒乓女单冠军。

所以说，相信自己能行，是一种信念，一种力量，一种自信。生活的蓝天，永远不会晴空万里。也许会晴天霹雳，也许会风起云涌，也许会电闪雷鸣，也许会大雨倾盆，也许会风雪交加。但在大风大浪之间，在风雨交加之时，不要灰心，不要焦急，不要丧气，更不要绝望。

相信自己，即使在自己最落魄之时，也要记得大声地告诉自己——“我能行”！

第四节　成功是信念实现的结果

每个人都想要成功，每个人都想要获得一些最美好的事物。没有人喜欢巴结别人，过平庸的生活，也没有人喜欢自己被迫进入某种情况。

最实用的成功经验就是“坚定不移的信心能够移山”。可是真正相信自己能移山的人并不多，结果真正做到“移山”的人也不多。

有些人可能会听到这样的话：“光是像阿里巴巴那样喊：‘芝麻，开门！’就想把山真的移开，那是根本不可能的。”说这话的人把“信心”和“希望”等同起来了。不错，谁都无法用“希望”来移动一座山，也无法靠“希望”实现你的目标。

但是，拿破仑·希尔告诉人们：只要有信心，你就能移动一座山。只要相信你能成功，你就会赢得成功。

关于信心的威力，并没有什么神奇或神秘可言。信心起作用的过程是这样的：相信“我确实能做到”的态度，产生了能力、技巧与精力这些必备条件，每当相信“我能做到”时，自然就会想出“如何去做”的方法。

全国各地每天都有不少年轻人开始新的工作，他们都希望能登上最高阶层，享受随之而来的成功果实。但是绝大多数人都不具备必需的信心与决心，因此多数人无法达到顶点。也因为他们相信自己达不到，以致找不到登上巅峰的途径，其作为往往也一直停留在一般人的水平。

但是还是有少部分人真的相信他们总有一天会成功。这类人抱着“我就要登上巅峰”的积极态度来进行各项工作。他们仔细研究高级经理人的各种作为，学习那些成功者分析问题和做出决定的方式，并且留意其如何应付进退。最后，这些年轻人终于凭着坚强的信心达到了目标。

信心是成功的秘诀

拿破仑曾经说过：“我成功，是因为我志在成功。”

如果没有这个目标，拿破仑必定没有毅然决然的决心与信心，当然成功也就与他无缘。

信心对于立志成功者具有重要意义。有人说：“成功的欲望是创造和拥有财富的源泉。”人一旦拥有了这一欲望并经由自我暗示和潜意识的激发后形成一种信心，这种信心便会转化为一种“积极的感情”。它能够激发潜意识释放出无穷的热情、精力和智慧，进而帮助其获得巨大的财富与事业上的成就。

里根是一个演员，却立志要当总统。从22岁到54岁，罗纳德·里根从电台体育播音员到好莱坞电影明星，整个青年到中年的岁月都陷在文艺圈内，对于从政完全是陌生的，更没有什么经验可谈。这一现实几乎成为里根涉足政坛的一大拦路虎。然而，当机会来临，共和党内、保守派和一些富豪们竭力怂恿他竞选加州州长时，里根毅然决定放弃大半辈子赖以为生的影视职业，决心开辟人生的新领域。

当然，信心毕竟只是一种自我激励的精神力量，若离开了自己优势的条件，信心也就失去了依托，难以变希望为现实。大凡想有所作为的人，都必须脚踏实地，从自己的脚下踏出一条远行的路来。正如里根要改变自己的生活道路并非突发奇想，而是与他的知识、能力、经历、胆识分不开的。有两件事树立了里根角逐政界的信心。

一是当他受聘通用电气公司的电视节目主持人。为办好这个遍布全美各地的大型联合企业的电视节目，借助电视宣传，改变普遍存在的生产情绪低落的状况，里根不得不刻苦用功，花大量时间巡回在各个分厂，同工人和管理人员广泛接触。这使得他有大量机会认识社会各界人士，全面了解社会的政治、经济情况。人们什么话都对他说，从工厂生产、职工收入、社会福利到政府与企业的关系、税收政策，等等。

里根把这些话题吸收消化后，并通过节目主持人的身份反映出来，立刻引起了强烈的共鸣。为此，该公司一位董事长曾意味深长地对里根说："认真总结一下这方面的经验体会，为自己立下几条哲理，然后身体力行地去做，将来必有收获。"这番话无疑为里根弃影从政的决定埋下了种子。

另一件事发生在里根加入共和党后。为帮助保守派头目竞

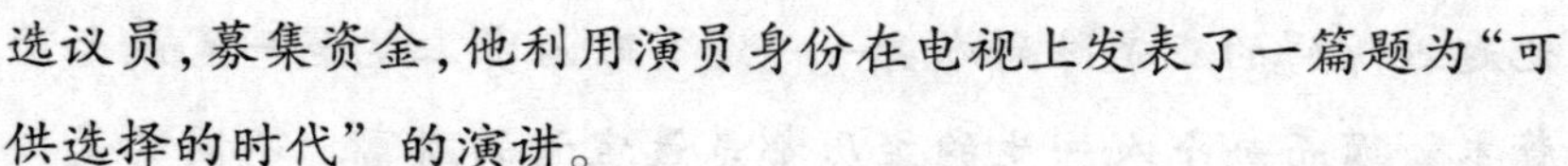

选议员，募集资金，他利用演员身份在电视上发表了一篇题为“可供选择的时代”的演讲。

因其出色的表演才能而大获成功，演说后立即募集了100万美元，之后又陆续收到不少捐款，总数达600万美元。《纽约时报》称之为美国竞选史上筹款最多的一篇演说。里根一夜之间成为共和党保守派心目中的代言人，引起了操纵政坛的幕后人物的注意。

这时候传来更令人振奋的消息，里根在好莱坞的好友乔治·墨菲，这个地道的电影明星与担任过肯尼迪和约翰逊总统新闻秘书的老牌政治家塞林格竞选加州议员。在政治实力悬殊巨大的情况下，乔治·墨菲凭着38年的舞台银幕经验，唤起了早已熟悉他形象的老观众们的巨大热情，意外的大获全胜。原来，演员的经历不但不是从政的障碍，而且如果运用得当，还会为争夺选票赢得民众发挥作用。里根发现了这一秘密，便首先从塑造形象上下功夫，充分利用自己的优势——五官端正、轮廓分明的好莱坞“典型的美男子”的风度和魅力，还邀约了一批著名的大影星、歌星、画家等艺术名流出来助阵，使共和党竞选活动别开生面，大放异彩，吸引了众多观众。

然而这一切在里根的对手——多年来一直连任加州州长的老政治家布朗的眼中，却只不过是“二流戏子”的滑稽表演。他认为无论里根的外部形象怎样光辉，其政治形象毕竟还只是一个稚嫩的“婴儿”。于是他抓住这点，以毫无政治工作经验为由进行攻击。殊不知里根却顺水推舟，干脆扮演一个纯朴无华、诚实热心的“平民政治家”。里根固然没有从政的经历，但有从政经历的布朗恰恰才有更多的失误，留下把柄，相比之下让里根更加突显。

二者形象对照是如此鲜明，里根再一次越过了障碍。帮助

他越过障碍的正是障碍本身——没有政治资本就是一笔最大的资本。因而每个人一生的经历都是最宝贵的财富。不同的是，有的人只将经历视为实现未来目标的障碍，有的人则利用经历作为实现目标的法宝，里根无疑属于后者。

就在里根如愿以偿地当上州长、问鼎白宫之时，曾与竞争对手卡特举行过长达几十分钟的电视辩论。面对摄像机，里根淋漓尽致地表现，时而微笑，时而妙语连珠，在亿万选民面前完全凭着当演员的本领占尽上风。

相比之下，从政时间虽长，但缺少表演经历的卡特却显得相形见绌。

成功者大都有"碰壁"的经历，但坚定的信心使他们能通过搜寻薄弱环节和隐藏着的"门"，或通过总结教训而更有效地谋取成功。

通过里根的经历，可以感受到：信心的力量在成功者的足迹中起着决定性的作用，要想事业有成，就必须拥有无坚不摧的信心。

所以，有人把"信心"比喻为"一个人心理建筑的工程师"。在现实生活中，信心一旦与思考结合，就能激发潜意识来激励人们表现出无限的智慧的力量，使每个人的欲望所求转化为物质、金钱、事业等方面的有形价值。

在每一个成功者或巨富的背后，都有一股巨大的力量—信心在支持和推动着他们不断向自己的目标迈进。所以，拿破仑·希尔可以肯定地说："信心是生命和力量。"

信心是奇迹

拿破仑·希尔曾说：“有方向感的信心，可令我们每一个意念都充满力量。当你有强大的自信心去推动你的成功车轮，你就可平步青云，无止境地攀上成功之岭。”克服眼不能看、耳不能听、嘴不能说的三重痛苦，终生致力于社会福利事业，被称为“奇迹人”的海伦·凯勒成功的一生无疑是这话的最好印证。

海伦刚出生时，是个正常的婴孩，能看、能听，也会咿呀学语。可是，一场疾病使她变成又瞎又聋的小哑巴—那时她才 19 个月大。

生理的剧变令小海伦性情大变。稍不顺心，她便会乱敲乱打，或野蛮地用双手抓食物塞入口里；若试图去纠正她，就会在地上打滚乱嚷乱叫，简直是个十恶不赦的“小暴君”。父母在绝望之余，只好将她送至波士顿的一所盲人学校，特别聘请一位老师照顾她。

所幸的是，小海伦在黑暗的悲剧中遇到了一位伟大的“光明天使”—安妮·沙莉文女士。沙莉文也是位有着不幸经历的女性。10 岁时，她和弟弟两人一起被送进麻省孤儿院，在孤儿院的悲惨生活中长大。由于房间紧缺，幼小的姐弟俩只好住进放置尸体的太平间。在卫生条件极差又贫困的环境中，幼小的弟弟 6 个月后就夭折了。她也在 14 岁时得了眼疾，几乎失明。后来，她被送到帕金斯盲人学校学习凸字和指语法，后来便做了海伦的家庭教师。

从此，沙莉文女士与这个蒙受三重痛苦的姑娘的斗争就开

始了。洗脸、梳头、用刀叉吃饭都必须一边和她格斗一边教她。固执己见的海伦以哭喊、怪叫等方式全身反抗着严格的教育。最终，沙莉文女士究竟如何以一个月的时间就和生活在完全黑暗、绝对沉默世界里的海伦沟通的呢？

答案是这样的：自我成功与重塑命运的工具是相同的—信心与爱心。

关于这件事，在海伦·凯勒所著的《我的一生》一书中有感人肺腑的深刻描写：一位年轻的复明者，没有多少“教学经验”，将无比的爱心与惊人的信心灌注入一位全聋全哑的小女孩身上—先通过潜意识的沟通，靠着身体的接触，为她们的心灵搭起一座桥。接着，自信与自爱在小海伦的心里产生，使她从痛苦的孤独地狱中解救出来，通过自我奋发，将潜意识里那无限能量发挥，步向光明。

就是如此。两人手携手，心连心，用爱心和信心作为“药方”，经过一段不足为外人道的挣扎，唤醒了海伦沉睡的意识力量。一个既聋又哑且盲的少女，初次领悟到语言的喜悦时，那种令人感动的情景实在难用笔述。

海伦曾写道：“在我初次领悟到语言存在的那天晚上，我躺在床上，兴奋不已，那是我第一次希望天亮—我想再没其他人可以感觉到我当时的喜悦吧。”

仍然失明、仍然聋哑的海伦凭着触觉——指尖去代替眼和耳——学会了与外界沟通。她10多岁时，名字就已传遍全美，成为残疾人士的模范。

1893年5月8日是海伦最开心的一天，这也是电话发明者贝尔博士值得纪念的一日。这位成功人士在这一天成立了他那著名的国际聋人教育基金会，而为会址奠基的正是13岁的小海伦。若说小海伦没有自卑感，那是不确切的，也是不公平的。

幸运的是，她自小就在心底里树起了颠扑不灭的信心，完成了对自卑的超越。

小海伦成名后，并未因此而自满，她继续孜孜不倦地接受教育。1900年，这个20岁学习了指语法、凸字及发声，并通过这些手段获得超过常人的知识的姑娘进入了哈佛大学拉德克利夫学院学习。她说出的第一句话是："我已经不是哑巴了！"她发觉自己的努力没有白费，兴奋异常，不断地重复说："我已经不是哑巴了！"4年后，她作为世界上第一个受到大学教育的盲聋哑人以优异的成绩毕业。

海伦不仅学会了说话，还学会了用打字机著书和写稿。她虽然是位盲人，但读过的书却比视力正常的人还多，而且她写了7本书，比正常人更会鉴赏音乐。

海伦的触觉极为敏锐，只需用手指头轻轻地放在对方的唇上，就能知道对方在说什么；把手放在钢琴、小提琴的木质部分，就能"鉴赏"音乐。她能以收音机和音箱的振动来辨明声音，又能够利用手指轻轻地碰触对方的喉咙来"听歌"。

如果你和海伦·凯勒握过手，五年后你们再见面握手时，她也能凭着握手来认出你，知道你是美丽的、强壮的、体弱的、滑稽的、爽朗的，或者是满腹牢骚的人。

这个克服了常人"无法克服"的残疾的"造命人"，其事迹在全世界引起了震惊和赞赏。她大学毕业那年，人们在圣路易博览会上设立了"海伦·凯勒日"。她始终对生命充满信心，充满热忱。她喜欢游泳、划船以及在森林中骑马。她喜欢下棋和用扑克牌算命；在下雨的日子，就以编织来消磨时间。

海伦·凯勒，身为一个三重残废，她凭着自己坚强的信念终于战胜了自己，体现了自身价值。她虽然没有发大财，也没有成为政界伟人，但是她所获得的成就比富人、政客还要大。

第二次世界大战后，她在欧洲、亚洲、非洲各地巡回演讲，唤起了社会大众对身体残疾者的注意，被《大英百科全书》称颂为有史以来残疾人士最有成就的代表人物。

一个不信任自己心灵力量的人，不懂爱护自己，未能推己及人，徒然耳能听目能见，也不会有什么成就；海伦·凯勒既盲且聋，但她信任自己的心灵力量，爱护自己，推己及人，于是，她的心眼亮了，心耳开了，创造了物质的财富，也创造了心灵财富。

美国作家马克·吐温曾评价说："19 世纪中，最值得一提的人物是拿破仑和海伦·凯勒。"

身受盲聋哑三重痛苦，却能克服它并向全世界投射出光明的海伦·凯勒及其理解者沙莉文女士的成功事迹说明了什么问题呢?

成功学大师拿破仑·希尔做出了最好的回答："信心是心灵的第一号化学家。"

当信心融合在思想里，潜意识会立即拾起这种震撼，把它变成等量的精神力量，再转送到无限智慧的领域里，促成成功思想的物质化。

的确如此。心存疑惑，就会失败。相信胜利，必定成功。

第五节 自卑是自信的绊脚石

"成功者"与"普通者"的性格区别在于，成功者充满自信，洋溢活力，而普通人即使腰缠万贯、富甲一方，内心却往往灰暗而脆弱。那么，他们的共同点又是什么呢?

自卑是束缚创造力的绳索

自卑是一种消极自我评价或自我意识，即个体认为自己在某些方面不如他人而产生的消极情感。自卑感就是个体把自己的能力、品质评价偏低的一种消极的自我意识。具有自卑感的人总认为自己事事不如人，自惭形秽，丧失信心，进而悲观失望，不思进取。一个人若被自卑感所控制，其精神生活将会受到严重的束缚，聪明才智和创造力也会因此受到影响而无法正常发挥作用。所以，自卑是束缚创造力的一条绳索。

1951年，英国有一位名叫弗兰克林的人，从自己拍得极好的DNA（脱氧核糖核酸）的X射线衍射照片上发现了DNA的螺旋结构之后，他打算为这一发现做一次演讲。然而由于生性自卑，又怀疑自己的假说是错误的，最终他放弃了这个假说。1953年，弗兰克林之后，科学家沃森和克里克也从照片上发现了DNA的分子结构，提出了DNA双螺旋结构的假说，标志着生物时代的到来。二人因此获得了1962年度诺贝尔医学奖。可想而知，如果弗兰克林不是自卑，而坚信自己的假说，进一步进行深入研究，这个伟大的发现肯定会将他的名字载入史册。

可见，一个人如果做了自卑情绪的俘虏，是很难有所作为的。

自卑的产生和解决办法

著名的奥地利心理分析学家阿德勒在《自卑与超越》一书中提出了

富有创见性的观点。他认为，人类的所有行为都是出自自卑感以及对于自卑感的克服和超越。

阿德勒认为人人都有自卑感，只是程度不同而已。他说："因为我们都发现自己所处的地位是我们希望加以改进的，人类欲求的这种改进是无止境的，因为人类的需要是无止境的。所以人类不可能超越宇宙的博大与永恒，也无法挣脱自然法则的制约，也许这就是人类自卑的最终根源。当然，从哲学角度对人类整体状况进行分析，人类产生自卑是无条件的，不过，对于具体的个人，自卑的形成则是有条件的。"

从环境角度看，个体对自己的认识往往与外部环境对他的态度和评价紧密相关。这点早已为心理学理论所证实。例如某人的书法很不错，但如果所有他能接触到的书法家和书法鉴赏家都一致对他的作品给予否定性评价，那就极有可能导致他对自己书法能力的怀疑，从而产生自卑。

阿德勒自己就有过这样的体会。他念书时有好几年数学成绩不好，在教师和同学的消极反馈下，强化了他数学低能的印象。直到有一天，他出乎意料地发现自己会做一道难倒老师的题目，才成功地改变了对自己数学低能的认识。可见，环境对人的自卑产生有不可忽视的影响。反之，某些低能甚至有生理、心理缺陷的人，在积极鼓励、扶持宽容的气氛中，也能建立起自信，发挥出最大的潜能。

从主体角度来看，自卑的形成虽与环境因素在关，但其最终形成还受到个体的生理状况、能力、性格、价值取向、思维方式及生活经历等个人因素的影响，尤其是其童年经历的影响。弗洛伊德认为，人的童年经历虽然会随着时光流逝而被逐渐淡忘，甚至在意识层中消失，但仍将顽固地保存于潜意识中，对人的一生产生持久的影响力。所以，童年经历不幸的人更易产生自卑。

很多人都有过这样的体验：孩提时，总觉得父母都比我们大，而自己是最小的，要依靠父母，仰赖父母；另一方面，父母也会强化这种感觉，令孩子不知不觉地产生了"我们是弱小的"这种判断，从而产生了自卑。

良好的个人因素对自卑的克服有重大的影响，同时它也是建立自信的基础。面面俱到的优秀者、强者肯定与自卑无缘，问题是世上没有一个人能在生理、心理、知识、能力乃至生活的各方面都是一个强者、优秀者，即所谓“金无足赤，人无完人”。因此从理论上说，天下无人不自卑，自卑的情形在任何人身上都可能产生，几乎所有的人都存在自卑感，只是表现的方式和程度不同而已。

拿破仑·希尔讲述了三个孩子初次到动物园的故事：

当他们（三个孩子）站在狮子笼面前时，一个孩子躲在母亲的背后全身发抖地说道：“我要回家。”第二个孩子站在原地，脸色苍白地用颤抖的声音说道：“我一点儿都不怕。”第三个孩子目不转睛地盯着狮子并问他的妈妈：“我能不能向它吐口水？”事实上，这三个孩子都已经感到自己所处的劣势，但是每个人都依照自己的生活样式，用自己的方法表现出了他们各自的感觉。

自卑感表现在哪一方面，表现为何种程度，是因人而异的，无论人们是否意识到，实际上都存在自卑。

自卑的类型

拿破仑·希尔认为一般情况下，人们自卑感的表现形式和行为模式大致有如下几种：

★孤僻怯懦型

由于深感自己处处不如别人，“谨小慎微”成了这类人的座右铭。他们像蜗牛一样藏在“贝壳”里，不参与任何竞争，不肯冒半点儿风险。

即便是遭到侵犯也听之任之，逆来顺受、随遇而安，或在绝望中过着离群索居的生活。

★寻衅滋事型

当一个人的自卑感达到最强烈的时候，采用屈从怯懦的方式不能减轻其苦，便转为好争好斗方式：脾气暴躁，动辄发怒，即便为一件微不足道的小事也会寻求各种借口挑衅闹事。

★搞笑幽默型

扮演滑稽幽默的角色，用笑声来掩饰自己内心的自卑，这也是常见的一种自卑的表现形式。美国著名的喜剧演员费丽丝·蒂勒相貌丑陋，她为此而羞怯、孤独自卑。她借助笑声，尤其是开怀大笑，以掩饰内心的自卑。

★逃避现实型

这种行为模式，自己不想看到、不愿意思考自卑情绪产生的根源，进而采取否认现实的行为来摆脱自卑，如借酒消愁，无视以求得精神的暂时解脱等方法。

★毫无主见型

由于自卑而丧失信心，因此竭尽全力使自己和他人保持一致，唯恐有与众不同之处。害怕表明自己的观点，放弃自己的见解和信念，努力寻求他人的认可，始终表现出一种随大流的状态。

无论是伟人还是平常人，都会在某些方面表现出优势，在另一些方面表现出劣势，也会或多或少地遭受挫折或得到外部环境的消极反馈。但值得注意的是，并非所有劣势和挫折都会给人带来沉重的心理压力，导致自卑。

克服自卑的调控方法

成功者能克服自卑、超越自卑，其重要原因是他们善于运用调控方法提高心理承受力，使之在心理上阻断消极因素的交互作用。一般情况下，成功者运用的调控方法主要有以下几种：

◆辩证认知法

全面、辩证地看待自身情况和外部评价，认识到人不是神，既不可能十全十美，也不会全知全能。人的价值追求，主要体现在通过自身的努力达到力所能及的目标，而不是片面地追求完美无缺。对自己的弱项或遇到的挫折持理智的态度，既不自欺欺人，也不将其视为天塌地陷的事情，而是以积极的方式应对，这样便会有效地消除自卑。

◆分散转移法

将注意力转移到自己感兴趣也最能体现自己价值的活动中去。可通过书法、绘画、写作、制作、收藏等活动，从而淡化和缩小弱项在心理上的自卑阴影，缓解心理的压力和紧张。

◆内心领悟法

又称心理分析法，一般要由心理医生帮助实施。其具体方法是通过自由联想和对早期经历的回忆，分析找出导致自卑心态的深层原因，使自卑症结经过心理分析返回意识层，使求助者领悟到：有自卑感并不意味自己的实际情况很糟，而是潜藏于意识深处的症结使然，让过去的阴影来影响今天的心理状态，是没有道理的。从而使人有“顿悟”之感，从自卑的情绪中摆脱出来。

◆优势作业法

如果自卑感已经产生，自信心正在丧失，可采用这种方法。

先寻找某件比较容易也很有把握完成的事情去做，成功后便会收获

一份喜悦，然后再找另一个目标。在一个时期内尽量避免承受失败的挫折，后随着自信心的提高逐步向较难、意义较大的目标努力，通过不断取得成功使自信心得以恢复和巩固。因为一个人自信心的丧失往往是在持续失败的挫折下产生的，自信心的恢复和自卑感的消除也从一连串小小的成功开始，每一次成功都是对自信心的强化。自信恢复一分，自卑的消极体验就将减少一分。

◆取长补短法

即通过努力奋斗，以某一方面的突出成就来补偿生理上的缺陷或心理上的自卑感（劣等感）。有自卑感就是意识到了自己的弱点，就要设法予以补偿。强烈的自卑感往往会促使人们在其他方面有超常的发展，这就是心理学上的“代偿作用”，即通过补偿的方式扬长避短，把自卑感转化为自强不息的推动力量。耳聋的贝多芬却成为划时代的“乐圣”；少年坎坷艰辛的霍英东没有实现慈母的期望成为一代学子，“不是读书的材料”的他后来却在商界大展宏图。

许多人都是在这种补偿的奋斗中成为出众的人的。古人云：“人之才能，自非圣贤，有所长必有所短，有所明必有所敝。”故从这个角度上说，天下无人不自卑。通往成功的道路上，完全不必为“自卑”而彷徨，只要把握好自己，成功的路就在脚下。

建立自信的方法

人们常用“心里想什么，就会成什么”来形容不好事情的发生。事实上，征服畏惧，征服自卑，建立自信最快、最有效的方法就是去做自己害怕的事，直到获得成功的经验。

▼挑前排的位子坐

是否注意过，无论在自习室或会议室的各种场合中，后面的座位是怎么先被坐满的吗？大部分占据后排座位的人，都希望自己不会“太显眼”，而他们怕受人注目的原因就是没有自信。

坐在前面能建立信心。把它当作一个规则，不妨试试看，从现在开始就尽量往前坐。当然，坐前面会比较显眼，但要记住，成功的人在人群中本就是耀眼的。

▼抬头正视别人

一个人的眼神可以透露出许多信息。

不正视别人通常意味着：在你旁边我感到很自卑；我感到不如你；我畏惧你。躲避别人的眼神意味着：我有罪恶感；我做了或想到什么我不希望你知道的事；我怕一接触你的眼神，你就会看穿我。这都是一些消极的信息。

正视别人等于告诉他：我很诚实，而且光明正大。我告诉你的话是真的，我毫不心虚。要让眼睛为自己工作，就是要让眼神专注别人，这不但能给人信心，也能赢得他人的认可。

▼将走路的速度提高25%

身体的动作是心灵活动的结果。

> 当大卫·史华兹还是少年时，到镇中心去是很大的乐趣。在办完所有的差事坐进汽车后，母亲常常会说：“大卫，我们坐一会儿，看看过路行人。”母亲是位绝妙的观察行家。她会说：“看那个家伙，你认为他正受到什么困扰呢？”或者“你认为那边的女士要去做什么呢？”或者“看看那个人，他似乎有点儿迷惘”。观察人们走路实在是一种乐趣。这比看电影便宜得多，也更有启发性。

西方心理学家将散漫的姿势、缓慢的步伐跟对自己、对工作以及对别人的不愉快的感受联系在一起。但是心理学家也告诉人们，借着改变

姿势与速度，可以改变心理状态。

你若仔细观察就会发现，那些遭受打击、被排斥的人，走路都拖拖拉拉，完全没有自信心。普通人有“普通人”走路的模样，做出“我并不怎么以自己为荣”的表白。

另一种人则表现出超凡的信心，走起路来比一般人快，如奔跑一样。他们的步伐告诉整个世界：“我要到一个重要的地方，去做很重要的事情，更重要的是，我会在 10 分钟内成功。”

使用这种“走快 25%”的方法，抬头挺胸走快一点儿，就会感到自信心在滋长。

▼大胆当众发言

成功学大师拿破仑·希尔指出，有很多思路敏锐、天资高的人，却无法发挥出他们的长处参与讨论。并不是他们不想参与，而只是因为他们缺少信心。每次这些沉默寡言的人不发言时，他就又中了一次缺乏信心的毒素了，会愈来愈丧失自信。从积极的角度来看，如果尽量发言，就会增加信心，下次也更容易发言。

所以，要多发言，这是信心的“维生素”。

不论是参加什么性质的会议，每次都要主动发言，也许是评论，也许是建议或提问题，都不要有例外。而且，不要最后才发言。要做破冰船，第一个打破沉默。

也不要担心这样会显得自己很愚蠢。因为总会有人同意自己的见解。所以不要再对自己说：“我怀疑我是否敢说出来。”

用心获得会议主席的注意，让自己有机会发言。

▼放开你的笑

很多人都知道笑能给自己很实际的推动力，正所谓“一笑解千愁”。但是仍有许多人不相信这一套，原因就是因为在他们恐惧时，从未试着笑一下。真正的笑不但能调节自己的不良情绪，还能马上化解别人的敌对情绪。

举拳难打笑脸人，如果能真诚地向一个人展颜微笑，他就无法再对你生气。

拿破仑·希尔讲了一个自己的亲身经历。

有一天，我的车停在十字路口的红灯前，突然“砰”的一声，原来是后面那辆车的驾驶员滑开刹车器，他的车撞了我车后的保险杆。我从后视镜看到他下车，也跟着下车，准备痛骂他一顿。但是很幸运，我还来不及发作，他就走过来对我笑，并以最诚挚的语调对我说：“朋友，我实在不是有意的。”他的笑容和真诚的歉意把我融化了。我只有低声说：“没关系，这种事经常发生。”转眼间，我的敌意变成了友善。

咧嘴大笑，你会觉得美好的日子又来了。但是要笑得“大”，半笑不笑是没有什么用的，要露齿大笑才能见功效。

人们常听到：“是的，但是当我害怕或愤怒时，就是不想笑。”当然，这时大概多数人都笑不出来。窍门就在于强迫自己说：“我要开始笑了。”然后，笑。笑是自信的表现，笑能健康身心，笑更能缓解气氛，让欢快的氛围在人群中传播，所以要掌握和运用笑的能力。

第4章

心态稳固梦想

积极的心态是成功的起点。所谓积极的心态，一方面是指他的心理状态是乐观的，另一方面是指他的态度是积极的。积极的心态能激发一个人的潜能，使人愉快地接受意想不到的任务，坦然面对意想不到的变化，宽容意想不到的冒犯，做好想做又不敢做的事，从而获得他人所企望的发展机遇，这样自然也就会超越他人。而消极的思想则会压抑人，使人像一个长途跋涉的人背着无用的沉重包袱，看不到希望，也失掉许多唾手可得的机遇。

第一节 我不会在同一个地方跌倒两次

苏格拉底说：“一个人是否有成就，只有看他是否具有自尊心和自信心两个条件。”

自信是雄鹰凭借展翅凌霄的搏击展示出的豪气，自信是高山凭借傲视群峰的峻拔显示出的巍峨，自信是江河凭借川流不息的奔腾显示出的气魄，自信是面对挑战时勇往直前的勇气与精神。自信的力量是伟大的，它可以为成功提供源源不断的力量，引领人们走向成功的顶峰。

人可以犯错，但不能在同一个地方犯两次相同的错误

“人非圣贤，孰能无过？过而能改，善莫大焉。”有了错就应该及时加以改正，否则同样的错误就会一直伴随着你，最终将使自己品尝由它导致的苦果。如果及时改正错误，从中得出教训，那将会受益无穷。不能在同一个地方跌倒两次，也不能让同一块绊脚石绊倒两次。

任何人都有犯错的时候。只要肯承认自己的错，今后不在同一个地方跌倒的人就是强者。

失败的方式多种多样，面对失败时的态度决定了一个人以后成功与

否：一种是为了下一次的成功去总结失败的教训与找出成功的方法；另一种是为自己失败找寻一大堆的借口与理由来解释自己的失败。好像失败总是别人的过错，或是不关自己的事，这种怨天尤人、推卸责任的态度是在逃避现实。这也就是失败再失败的原因：未能认真吸取经验教训。

大浪淘沙，优胜劣汰，成功总是属于那些备尝艰辛、异常顽强的人们。芸芸众生在对成功者头上的光环顶礼膜拜的同时，也在悄悄地哀叹，成功者如同凤毛麟角，何年何时，成功才能对自己格外关照几分呢？在自哀自叹的消极心态中，他们早已错过了一次又一次成功的机会。

纵观历史，横览世界，一个出乎意料却又合情合理的论断如同闪电一样照亮了漆黑的脑海—成功者无一不是为战胜失败而来，无一不是血汗与机运的结晶。在失败面前至少有三种人：

一种人，遭受了失败的打击，从此一蹶不振，成为让失败一次性打垮的懦夫，此为无勇亦无智者。失败并不可怕，也并非什么洪水猛兽，生活中谁没有经历过失败？跌倒了爬起来就是了。可怕的是不能正视失败，被失败打倒之后，从此在失败中沉沦下去；或者是一朝被蛇咬，十年怕井绳，有了失败的经历之后，从此成了惊弓之鸟，杯弓蛇影。

一种人，遭受失败的打击，并不知反省自己，失败后千方百计推卸自己的责任，不能很好地反思，总结失败的教训，总结经验，仅凭一腔热血，勇往直前。这种人往往事倍功半，即便成功，亦常如昙花一现，此为有勇而无智者。

有一位推销员，他在短时间内就做过好几份不同的工作，换了好几家不同的公司，每一次都是满怀信心的开始，一旦业绩不好，就怪公司不好，或是怪训练不好，或是说产品太贵了不好卖，或是怪顾客太低级，没水平。不可思议的是，他从来没有想过自己的过错，也正是因为如此，同样的错误他可以一而再、再而三地犯。对于他那样的人，只会一再地遇到挫折，成功是不可能向他靠近的。

曾有过许多类似的人，冬天业绩不好怪天气太冷，所以不能去行动；夏天怪天气太热，不适合去行动；或怪春节放假太长，不能行动；或怪秋天风太大，又不适合行动。所以一年都没有行动力。

还有人以新市场的环境不熟、朋友不多、知名度不够等理由来解释自己为何业绩不好。

还有人说家里有事，用父母有事、资金不足、身体不好、时机未到等许多理由来告诉自己，之所以不能行动，都是因为这样，因为那样。

排除一切的借口，为自己的绩效负责，为成功找方法，不为失败找借口，这才是迈向成功的基本态度。

还有一种人，遭受失败的打击，能够极快地审时度势，调整自身，在时机与实力兼备的情况下再度出击，卷土重来。这一种人堪称智勇双全，成功常常莅临在他们头上。

失败，说到底只是一种为迎接新挑战而付出的学费，有时我们在别人失败的地方向前跨出一步，就成功了；也有的时候，我们从别人的失败之处稍一侧身，就成功了。因此，成功与失败间的距离其实并没有多远。只要我们有一双慧眼，就能识破败局，透过自己的失败，认识到自己的不足与局限，了解到自己还不够成熟；透过别人的失败，同样可以受到启发，学到许多知识，从而让自己少走许多弯路。

按犹太人的二八黄金律，无勇无智者占人类总数的80%，有勇无谋者与智勇双全者占20%。而在这20%的人中，再次运用二八黄金律，有勇无谋者占80%，智勇双全者只占20%。如果在智勇双全者中按二八黄金律再次分类，那么所谓真正的成功者占不到1%。至于那些获取终身大成就者，更是少之又少，诚如消极人士所叹，犹如凤毛麟角。

做这样的分析，目的决非哀叹成功来之不易，唱人生的挽歌，而是希望从中发现克服失败的秘诀。

正视失败，洞见失败，最终必定超越失败

很多人曾经做过这样的梦：在梦中，自己是一个包围在鲜花和掌声中的成功者，所有人都为自己的成功而欢呼雀跃。但是很少有人能把这梦中的鲜花和掌声变成现实。

在失败面前，只有勇敢地面对，才能从中找到不足，才能在未来的旅途上少走弯路。聪明的人不在同一块石头上跌倒两次，更聪明的人不在别人跌倒的地方跌倒。

听说过这么一位贵人吗？他从不教人方法，只教人做一件事，把错误记下来，不要犯相同的错误。他说：每个人的个性不同，没有一套可以适用每一个人的方法，只要避免犯错，就可接近成功。

在每一次未能达成理想结果时，一定要进行研究，不断找寻新的方法来实践，不断修正自己的步伐，就会一次比一次更进步、更理想。

态度的改变代表做事方式即将改变，行为一旦改变，结果自然会改变的。面临失败时该怎么做，取决于人的一念之间。每一个人都不见得能一次尝试就成功，每一件事都有犯错的时候，别人可以原谅你，但自己不能原谅自己，不能为自己找台阶，必须告诉自己错在哪里，不再重复犯错，必须保持这种态度。

步入社会后，只要有所追求，失败总会伴随着人，成为一个人的人生中最深刻的体验。失败固然是痛苦的，是令人悲伤的，但更痛苦的是面对失败束手无策，是失败后的不能惊醒，是不能真正认识到失败的原因。对于失败，人们通常先从客观方面找理由，但实际上一个人的失败更多的时候是源于自己，或者说绝大多数的失败都与自己的个性或失误

有关：有的是因为性格、心理、意志等方面存在缺陷；有的是因为方法不当，措施不力；再有就是因为判断失误或误入歧途。即便有种种客观因素存在，但自己仍然不能推卸责任。所以说，失败的定律就是一个人首先被自己打败，然后才被别人或各种客观因素打败。

古语说："天作孽，犹可违；自作孽，不可活。"意思是：即使老天对一个人不公，还可以挣扎一下，反抗一下，可以与命运抗争一下，最后输的也不一定是自己：但如果是自己的过错，失败可能就是注定的了。

钱学森说过一句话："没有大量错误做台阶，也就登不上最后正确结果的宝座。"那些失败了不气馁又重新振作精神的失败者，比之轻而易举的成功者要更值得尊敬得多。

英国人哈罗德·埃文斯也认为，一个人是否会在失败中沉沦，主要取决于他是否能够把握自己的失败。每个人都或多或少地经历过失败，因而失败是一件十分正常的事。想要取得成功，就必须以失败为阶梯。换言之，成功包含着失败。所以，有人说："命运是一个伟大的雕塑家，她有时会举起铁锤在你身上敲打，这使你痛苦，同时也会使你完美。"

因此，面对失败，正确的态度和做法就是：先要勇于正视失败，然后找出失败的真正原因，树立战胜失败的信心，下定决心，不怕牺牲，就一定能走出败局，走向辉煌。

当然，要想反败为胜，咸鱼翻身，不是仅靠喊几句口号就能奏效的。它不仅需要有面对失败的勇气和战胜失败的决心，还要有切实的行动和行之有效的措施，要找出原因，然后对症下药。更要能吃一堑长一智，不犯同样的错误。

"经验就是财富""勤能补拙"，失败并不可怕，关键是要能"吃一堑长一智"，从失败中吸取教训，在哪里跌倒，就从哪里爬起来，树立战胜困难的信心。现在很多人都喜欢阅读别人的成功故事，但正如一句谚语所说的，"从顺利中学得少，从失败中学得多"。学习别人成功

经验与从别人的失败中得到教训，两者之间最大的差别在于：前者很容易停留在模仿层面，只能告诉人们如何去做，而后者则能告诉人为什么要这样做。也就是说，如果探究出别人的失误之因、败局之源，从中找出规律性的启迪，就能使自己避免重蹈覆辙或犯类似的错误。

成功多是天时、地利、人和等各种因素综合的结果，有人可以成功，并不意味着其他人用同样的方法、做同样的事就能获得同样的成功。所以，只知道怎样做，并不具备真正的价值。而通过剖析别人失败的教训，了解到其中的原因，知道了为什么，才能使自己避免将来遭到同样的失败。

在整个生命的历程当中，谁都不能拥有绝对的鲜花和掌声，而与之相对立的一面则是失败在整个历程当中所充当的角色。没有谁可以预示出明天会发生些什么，若一定要将生命的开始和终结定义为生命的本身，则人们需要做的事就是在自己的身上找到真正的意义。不要怕失败，将其作为前进的原动力，不要被一时的失败吓倒，“若是怕狼，就别进森林”，我们既然已经来了，就不要有什么好怕的，总之，我们要相信世界上没有恒久的成功，也没有永久的失败。

面对失败，不应该害怕，对失败要有足够的心理承受能力；应该正视失败，不断认真地总结失败的教训，日后再战。

既然失败和挫折都是不以人们的意志为转移的，那就不妨冷静地面对它。世界上的事往往是这样：成果未就，先尝苦果；壮志未酬，先遭失败。可以说，一个人的生活目标越高，越是好强上进，就越容易敏锐地感到挫折。

一次失败对任何人来说都是一次考验，挫折对人也有激励作用与消极作用。以利而言，挫折能引导一个人奋发图强，产生创造性突进，即增强韧性和解决问题的能力。但以弊而言，挫折会丧失斗志，造成心理上的伤痕和行为上的偏差，甚至有可能造成成长环节的缺陷。

一个真正懂得生活的人，会常常告诫自己，战胜失败，战胜挫折，

把自己锻炼得更加坚强。不经风雨，长不成大树；不受百炼，难以成钢。巴尔扎克说：“挫折和不幸，是天才的晋身之阶；信徒的洗礼之水；能人的无价之宝；弱者的无底深渊。”

张海迪用理想、毅力编织成的花环，迎来了生命的一片新绿；陈景润用智慧、坚韧凝聚成的金杖，叩开了“哥德巴赫猜想”的大门。

俄国伟大的作家托尔斯泰就是从一次又一次的挫折中站起来，重新审视自己，才成了文学泰斗的。

德国天文学家开普勒，从童年开始便多灾多难，在母腹中只待了七个月就早早来到了人间。后来，天花又把他变成了麻子，猩红热又弄坏了他的眼睛。但他凭着顽强、坚毅的品德发愤读书，学习成绩遥遥领先于他的同伴。后来，因父亲欠债，他失去了读书的机会，就边自学边研究天文学。在以后的生活中，他又经历了多病、良师去世、妻子去世等一连串的打击，但他仍未停下天文学研究，终于在59岁时发现了天体运行的三大定律。他把一切不幸都化作了推动自己前进的动力，以惊人的毅力摘取了科学的桂冠。

生活不可能全是诗，有时可能会像一块粗糙的顽石，磨得人心灵剧痛，但也会使一个人的心灵更为坚实，更为光彩。

痛苦像一把犁刀，它有时会割破一个人的心，使热血和眼泪流淌，同时，也会开掘出人生命的新的水源。如果把自己的生命比作披荆斩棘的刀，那么挫折就是一块不可缺少的“顽石”。为使青春的“刀”更锋利，我们就应该勇敢地面对挫折和失败的磨砺。成功出自错误中的学习，因为只要能从失败中学得经验，便永不会重蹈覆辙。失败不会令你一蹶不振，这就像意外伤一样，它总是会愈合的。

生活从来不相信眼泪。人生多坎坷，岁月倍峥嵘。在逆境中，方能显出勇士的意志，强者才是生活的主宰。

不要因暂时的失败和挫折而长吁短叹，莫要因路途坎坷而灰心丧气。莫要因厄运重生而意志消沉。落泪、沮丧不是我们的形象，只有拼搏的火种才能燃起希望之光。

做任何事情，想要一朝一夕就成功都是不可能的。每一个奋发向上的人，在成功之前都曾经历无数次的失败。我们需要试验、耐心和坚持，才能汲取经验，得到成功。不管是学习操作机器、推销货品、谈判交易或激励他人，都要经过这样的过程。虽说成功能引发成功，失败却未必招致失败。所以，汲取教训，改善求进，别让自己在同一个地方跌倒两次。

第二节　成功始于积极的心态

“成功是没有定义的，真正的成功是你自己内心的意识形态。”这句话说明了成功的根本是什么。成功的根本是心态。

积极的心态是成功的起点

成功能带给人们什么？也许是我们都想得到别人的尊重。

积极的心态是成功的起点。所谓积极的心态，一方面是指他的心理状态是乐观的，另一方面是指他的态度是积极的。积极的心态能激发人的潜能，愉快地接受意想不到的任务，坦然地面对意想不到的变化，做好想做又不敢做的事，从而获得他人所企望的发展机遇，这样自然也就

会超越他人。而消极的心态则会压抑人，使人像一个长途跋涉的人背着无用的沉重包袱，看不到希望，也失掉许多唾手可得的机遇。

有一个建筑公司的老板，在工地上有意问他的两个员工："你们终日在工地上干活，有什么感想？"一个工人看看眼前的高楼兴奋地说："啊，又一座高楼即将从我的手中诞生，我感到自豪！"另一个工人神情沮丧地说："唉，每日每夜地重复这种劳动，我已厌烦透顶。"老板听后没说什么就走了。可以看出，这两个建筑工人，第一个的心态是积极的，另一个的心态是消极的。后来，在公司的裁员中，第一个工人被老板留下了，并获得提升，而第二个工人则被老板辞退了。

保持一种积极的心态是很重要的。因为有积极心态的人是乐观的、为人热情的、善于行动的，同时，他们的思维也是积极的；有积极心态的人，他们的心理是健康的，人际关系是和谐的，性格是随和的；有积极心态的人，他们在事业上要比普通的人、消极的人容易获得成功。比如，面对金色的晚霞映红半边天的情况，有人叹息"夕阳无限好，只是近黄昏"。也有人想到"莫道桑榆晚，余霞尚满天"。不同的人对同一件事有不同的心情，不同的心情就有不同的结果。

积极心态是这样的一些人：他们有必胜的信念，善于称赞别人，乐于助人，具有奉献精神。他们微笑常在，充满自信，他们能使别人感到自己的重要。

积极心态者的重要表现是怀有远大理想和明确的目标。没有远见的人只能看到眼前的、摸得到的、身边的琐碎事，个人的精力被这些琐事一天天消耗掉。有远大理想的人具有远见，站得高，看得远，能看到有重大意义的事，而且能使之成为明确的目标，采取积极的行动去实现它。可以说，人的理想有多大，他的世界就有多大。远大理想能调动人的积

极性，能激发稳定的内在动力，能引发巨大的潜能。成大事者都是那些有远大理想的远见卓识者，他们心中装着整个世界，又能脚踏实地，坚忍不拔，不断地实现具体目标，直至达成伟大的目标。

你不能控制他人，但你可以掌握自己；你不能选择容貌，但你可以展现笑容；你不能左右生活，但你可以改变心情。积极的心态不是天生的，而是后天养成的，是人主动创造出来的，换一个角度看问题，心情也能换个天地。

刚刚三十来岁的周琪，已是年销售超亿元的无锡快威网络科技有限公司总经理。摒弃了同龄人的浮躁，凭着良好的心态，他开拓出了网络世界的一片新天地。

大学毕业后，周琪被分到一家研究所工作，不到半年，他毅然南下“淘金”。到广州、深圳，原本很“厉害”的周琪一下子觉得自己什么都不是，心甘情愿地给香港地产经纪人当起了“打工仔”。“拎包”大半年后，他开始“单飞”，有了一些经验后，又做起服装的品牌管理人。4年后，周琪回到无锡，开了家品牌服装店，一年后将店盘掉小赚了一笔。赚钱后的他“飘”了起来，吃喝玩乐，很快他的钱被挥霍一空。

这个时候的周琪陷入了人生的最低谷。为了生存，他甚至只能去摆摊。直到1999年，他进入吉通通信公司，生活才算稳定。

2000年，周琪开始自己创办公司，为吉通供应网络设备，由此真正掘到了第一桶金。2001年，电信市场风云突变，生意陷入停顿，周琪再次走到事业的十字路口。经过市场调查，他决定做世界顶级网络产品美国“思科”的代理商。

趁着近几年网络大发展的东风，经过一番努力，周琪创立的“快威网络”如日中天，总部移至香港后，他在全国设立了6个分公司，订单如雪片般飞来，业务呈几何级数增长。周琪又开始做起资本经营来，准备与国外实力派企业合作，赴尼泊尔等国开拓新业务。

从周琪的故事可以看出，创业心态一定要平和。周琪坦言，大学毕业后五六年，他常常急于求成，“拍脑袋想主意，拍大腿就上马，拍屁股就走人”，以这样的心态创业肯定不会成功，此时积累才是最重要的。经过反省，他总结出自己具备实战经验但缺乏系统管理知识。因此，他选择了进入吉通学管理，这样才有了后来的“快威网络”，才最终赢得了成功。

成功，从调整心态开始

当今的社会是一个快节奏的社会，许多人感觉工作压力太大。一方面是因为工作强度大，另一方面则是因为心理状态没有得到正确的调整。工作强度大、节奏快，这是现代社会的客观要求，是难以改变的现实，而心态则是人们可以控制的。有这样一句话：“明天的天气你无法控制，但是明天的心情却是你自己的选择。”心态如何，关键是看自己怎么想，怎么去看待身边的人和事。“思想影响态度，态度影响行动”，只有具备了良好的心态，工作起来才有无穷的动力。

应该认识到积极调整心态的重要性。事实上，大部分人在工作中是被自己的心态压倒的，而不是由工作的强度压倒的。在这样一个竞争的时代，谋求个人利益、自我实现是天经地义的。遗憾的是很多人没意识到个性解放、自我实现与忠诚敬业并不是对立的，而是相辅相成、缺一不可的。在工作中的乐趣是很多的，比如按时按质完成一件事情，比如及时地发现问题并提出改进意见，比如帮助他人或得到领导的表扬等，这些事情应该是能让人们感到快乐的。因为可以从中得到宝贵的经验和

应得的报酬，这样，人们的心态便是积极向上的，所谓的不顺心、不愉快也会因之减少许多。借用一句话就是：世间其实并不缺乏快乐，缺乏的只是发现快乐的心情。有了这种心情，便拥有了良好的心态，工作起来便锐不可当。当然，也许有时候会感到痛苦，但痛苦却会让人变得成熟，一份积极的心态能使人在这个时候痛并快乐着。有位名人曾经说过："态度决定一切。"让我们保持一份积极的心态，面带自信的微笑，以时不我待、只争朝夕和实实在在的行动投入到工作中去。这样，我们也会从中获得意想不到的收获，这将是我们感到满足和幸福的源泉，因为只有这样，我们才会离成功越来越近。

常听到许多人抱怨，"近来总是很忙，累得我不得了，但又不清楚自己到底为什么会这样。"这时，先不要抱怨。请试着端起一只杯子，然后就这么一直端下去。有人也许会在心里嘀咕：端一只杯子，这有何难？虽说端只杯子，坚持一两分钟，根本没什么问题，可让人拿上一两个钟头，相信不管是谁，手臂都会酸了。实际上，这个杯子的重量是一样的，但若拿得越久，就觉得越重。

那只杯子就像承担的压力一样。如果一直把压力放在身上，不论时间长短，最后，我们都会觉得压力越来越重，以致无法承担。就像一根弹簧，若所受压力过大，且超出其弹性限度，就会被损坏一样。如果以时间为横轴，以压力为纵轴作一曲线，那么曲线上任一处取点，其导数必大于零。每个人都应该让学习和工作的压力得到释放。只有放下自己过重的包袱，以良好的心态为明天的成功加上砝码，用积极的心态去发掘和应用自己的潜力，成功才会离我们越来越近。

在一次日本松下电器公司的招聘中，虽然计划只招聘10名基层管理人员，但报名竞争者竟达数百人。经过严格的笔试和面试之后，由计算机记分评选出前10名优胜者。当公司总裁松下幸之助对录取人员名单进行逐个审阅时，发现有一位在面试中给他留下深刻印象的年轻人未在这10人之列。松下幸之助当即令人复查，结果发现这位年轻人总分名列第二，因计算机出了差错，把分数和名次排错了。松下幸之助立即派人给这位年轻人寄发录用通知书。第二天，下属报告给松下幸之助一个令人震惊的消息：那位年轻人因未被录取自杀了。松下幸之助闻讯沉默良久。一位助手忍不住说："真可惜。"松下幸之助沉重地摇摇头："不，幸亏公司没有录用他，意志如此脆弱的人是难成大业的。"

的确，只有那些具有坚忍不拔的毅力、百折不挠的意志以及荣辱不惊的品格等良好心理品质的人，才有望成就一番事业。

在很多时候，心态只有一念之差。看看下面的几组想法，对比一下自己的，找出其中的差距：

◇一种想法是：我们已经做了这么大的努力，没有希望了。

另一种想法是：还有希望，让我们用新的方法试试。

◇一种想法是：市场已经饱和，75%的市场都被占了，我们还是放弃吧。

另一种想法是：我们要从25%的市场中打开思路。

◇一种想法是：竞争对手条件太好，我们不可能胜过他们。

另一种想法是：对手很强，但不可能样样都好，让我们同心协力，从他们的弱点上做文章。

◇一种想法是：我年龄太大了，没办法胜任工作。

另一种想法是：经验正是我的本钱。

◇一种想法是：别人试了，但失败了，与其劳累失败，不如懒得动手。

另一种想法是：别人试了，也许方法不对，与其懒散等待失败，不如动手试试各种办法，任何失败都可以转化为成功。

对于上面的这些情况，该怎样选择呢？不同的选择会产生截然不同

的人生结果。

在当今这个竞争激烈的社会中，有许多再就业成功的人尽管在下岗之初都不太情愿离开自己多年的工作、生活的岗位，但一旦下岗，他们都能十分冷静地面对现实，结合自己的情况，在政府、单位、再就业服务机构的帮助下，积极寻找再就业机会。正是他们这种积极的心态帮助他们战胜了暂时的困难，走上了新的工作岗位，有的还创造了一份令人刮目相看的新事业。

而有的人还在十分被动地企求别人的施舍；有的人还在等、靠、要，有的人还在念念不忘过去的福利、过去的清闲、过去的地位和级别。这些思想都是十分可怕的，它会使人永远失去再就业的良机，成功更是无处可提。

因为心态，开始成功

威尔逊有句名言："要有自信，然后全力以赴。"假如具有这种观念，任何事情十之八九都能成功。的确，人有时候是十分软弱的，一件事情还没做，便去考虑失败后的结果，这样必然会在精神上增加不必要的负担，导致内在潜能得不到充分的调动与发挥，从而在困难面前畏首畏尾，甚至造成自我封闭、自我压抑，最后导致心理失衡。

人们应避免与摆脱这种心理上的失衡，要想形成积极、良好的心态，就必须时时表现出一种强者的风范，敢于面对困难与挫折，并始终怀着必胜的信念去战胜困难，坚定不移地朝着成功的目标迈进。因而有意识地培养自己的"强者"意识，可以说，这是渡过心理危机的良方。有时候，可以有意识地造成一种"自我成就感"，从而逐渐在心理上形成一种能抑制自卑情绪产生的良性循环机制。如果做了一件自己十分满意的事，那就不妨告诉自己，"今天我干得真不错"。这样，就会通过褒奖自己使自己拥有一种满足感，从而充满自信，更加坚定地去迎接和面对一切新的挑战，逐步向成功靠近。

周昱是第三届全国新概念作文比赛一等奖的得主，散文集《家猫与野猫》的主编。可以说，周昱实现了众多莘莘学子的梦想，但在耀眼光环下的她给人的感觉却是平静如水，没有丝毫的浮躁。谈到成功，周昱把原因归结于她的学校—北京四中。周昱说："从一个竞争不激烈的学校考到四中，看到的是自己原来不是最棒的，很多人都比你强，而且你还不得不承认人和人之间是有差异的，也许你学一辈子都比不过别人。这是你必须面对的现实。"这大大地改变了周昱。高中三年中，周昱整个人由内到外改变了许多，尤其是心态。"一开始，我的心态是很功利的，觉得考上了好高中，就能上好大学，但现在我不这么想了。比如我的学习不是最棒的，但我告诉自己我在一个最好的集体里面。将来不论怎么样，我带着这份心态去生活，我会很快乐。我就要做到波澜不惊，宠辱皆忘，气定神闲。"用周昱的话说，在《家猫与野猫》这本书中，她要告诉读者的是：做人一定要踏踏实实的，要保持一颗平衡的心，用平和的心态去看世界。

对于许多像自己一样拥有着斑斓梦想的青少年，周昱建议："一个人的成功首先是找一个好心态，在好心态之下培养自己各方面的能力。同时，还要善于抓住机遇，新概念作文比赛提供给了我一个机遇。所谓新概念作文，实际上是无概念作文，它会有许多题目让你选。它的形式不同于别的作文比赛，评委会看你文章的思想内涵，不会只看文字上的东西。"

在平时的生活中，周昱有许多爱好：跳舞、打太极拳、玩电脑等，连看菜谱都是她的钟爱。在繁忙的高三生活中，她用这些来调剂着。通

过获奖、出书这一次次经历，周昱说她得到的最大收获是她的心越来越平静了。对于广大的学生朋友们，周昱说："现在年轻人出书很商业化，我希望爱好文学的年轻朋友们不要被商业化左右，保持良好的心态，踏踏实实地做自己喜欢的事。如果有机遇，一定要把握住自己！"

一定要记住，你认识到你自己的积极心态的那一天，也就是你遇到最重要的人的那一天；而这个世界上最重要的人就是你！你的这种思想、这种精神、这种心理就是你的法宝，你的力量。

第三节　好心态助你成功

好心态助你成功

好心态，或者说积极心态，是指主动的自我意识、明确的自我价值观念和良好的自我状态以及优秀的自我心理品质等动能与复合心理素质的综合体。积极心态是人们自我行为有效性的坚实基础，是人们在生活、学习、工作、事业中取得成就的可能保障，是人们获得物质财富与精神财富的奠基石。积极心态有许多表现形式。

主动的心态：被动就是将命运交给别人安排，是消极等待机遇降临，一旦机遇不来，他就没办法。凡事都应主动，被动不会有任何收获。社会、企业只能给你提供道具，而舞台需要自己搭建，演出需要自己排练，能演出什么精彩的节目，有什么样的收视率决定权在你自己。

"空杯"的心态：也许你在某个行业已经满腹经纶，也许你已经具备了丰富的技能，但是对于新的企业，对于新的经销商，对于新的客户，你需要用“空杯”的心态重新去整理自己的智慧，去吸收现在的、别人的、正确的、优秀的东西。

双赢的心态：你必须站在双赢的心态上去处理你与企业之间的、企业与商家之间的、企业和消费者之间的关系。你不能为了自身的利益去损害企业的利益。

包容的心态：你会接触到各种各样的经销商和消费者。这就要求你学会包容，包容他人的不同喜好，包容别人的挑剔。你的同事也许与你有不同的喜好，有不同的做事风格，你也应该去包容。

自信的心态：什么叫信心？说通俗点，信心就是眼睛尚未看见就相信，其最终的回报就是你真正看见了。建立自信的基本方法有三：

▼一是不断地取得成功。

▼二是不断地想象成功。

▼三是将自己在一个领域取得成功的思想和感受移植到你需要信心的新领域中来。对自己服务的企业充满自信，对企业的产品充满自信，对自己的能力充满自信，对同事充满自信，对未来充满自信。

行动的心态：用行动去证明自己的存在，证明自己的价值；用行动去真正关怀你的客户，用行动去完成你的目标。

给予的心态：要索取，首先要学会给予。给予同事关怀，给予经销商服务，给予消费者满足需求的产品。给予不会受到别人的拒绝，反而会得到别人的感激。

学习的心态：信息社会时代的核心竞争力已经发展为学习力的竞争。信息更新周期已经缩短到不足五年，危机每天都会伴随我们左右。同事是老师，上级是老师，客户是老师，竞争对手是老师。学习不但是一种心态，更应该是我们的一种生活方式。

积极良好的心态是成功的开始，不要自己老是觉得委屈，顾影自怜。成功是由那些具有积极心态的人所取得的，并由那些以积极的心态努力不懈的人所保持的。让我们形成良好的心态，开始成功。

一个人整天感觉自己快要离开这个世界了一样，很悲观，因为他一直以为自己得了癌症，所以他就跑去看医生。

医生问他："你觉得哪里不舒服？"

他回答说："好像没有哪里不舒服。"

医生又问："你感觉身体哪里疼？"

他说："感觉不到疼。"

医生又问："你最近体重有没有减轻？"

他说："没有。"

医生忍不住问他："那你为什么觉得自己得了癌症？"

他说："书上说癌症的初期毫无症状，我正是如此啊！"

有这样一个笑话：黑夜里，一个生意人驾车行驶在僻静的郊野，突然车胎瘪了，他想换一个新的，却发现没带千斤顶。幸好不远处有一间农舍还亮着灯，他便朝农舍走去。

然而他一边走，一边心里打鼓："屋里会不会没人？也许他根本就没有千斤顶。就算有，这家伙也可能就是不肯借给我。"他越想越焦躁，越想越生气，最后，当农舍的门打开时，他劈头就给了农夫一拳，嘴里还吼叫着："收起你那该死的玩意儿吧！"

这个故事博得人们会心的一笑，因为它取笑了那种通常的"自我失败主义"思想。

这种消极情绪比任何别的力量都更能影响你的生活。如果想生活得更加愉快，应当找到保持良好思想情绪的方法。

就像马克·吐温晚年时所感叹的："我的一生太多在忧虑一些从未发生过的事。没有任何行为，比无中生有的忧愁更愚蠢了。"

你有好心态吗

一个人能否成功，在很大程度上就看他的心态。成功人士与失败者之间的差别是：成功人士始终用最积极的心态来支配和控制自己的人生。失败者则刚好相反，他们的人生是受消极心态引导支配的。

这是一个真实的例子。在美国，有一位叫赛尔玛的女士，脸上整天愁云密布。因她的丈夫从军，部队驻扎在沙漠地带，住的是铁皮房子，与周围的印第安人、墨西哥人语言不通；当地气温很高，在仙人掌的阴影下都高达华氏125度；更不幸的是，后来她丈夫奉命远征，只留下她孤身一人。她因此度日如年，愁眉不展，生活过得很不如意。

赛尔玛写信给她的父母亲，希望回到父母身边。但父母在给她回信中，却只有让她失望至极的短短几行字——“一个人从监狱的铁窗向外看，一个看到的是地上的泥土，另一个看到的却是天上的星星”。

失望、生气之后，她反复琢磨着远方的父母给她的这份关切。终于有一天，她的脑子里为之一亮，一切似乎都豁然开朗，紧皱的双眉一下子舒展了，终于发现了自己的问题所在：她习惯地低头看结果只看到地上的泥土，但为什么不能抬头去看？抬头看，就能看到天上的星星，而我的生活一定不只有泥土，一定会有星星！自己为什么不能抬头寻找天上的星星，去欣赏星星，去享受星光灿烂的美好世界呢？

从此以后，她开始主动和印第安人、墨西哥人交朋友，结

果她惊喜地发现，他们十分好客、热情，很快和他们成为朋友，她的这些新朋友送她许多珍贵的陶器与纺织品作为礼物。她带着愉快的神情开始研究沙漠中的仙人掌，一边研究，一边做笔记，她发现这些仙人掌千姿百态，是那样的使人陶醉；她欣赏沙漠里的日出，享受沙漠中的海市蜃楼，她享受着生活给她带来的一切。她发现生活中的一切都变了，变得是那样的使人留恋，她仿佛沐浴在春天里。后来她回到美国，将这一切的感受写成了一本书，名字就叫《快乐的城堡》，这本书出版后引起了极大的轰动。

心态的积极与消极，不仅决定着事情的成败，同时也决定着人生的成败。而心态的积极与消极全在于我们的选择。别小看心态，它能让天地动容，自然变色。同样走进大观园，刘姥姥开心，林妹妹伤心；同样的玫瑰园，有人抱怨上帝让玫瑰有刺，有人却赞美上帝让刺中长有玫瑰；同样的环境，有的人生活得充实快乐，有的人却生活得空虚痛苦。境无异，异的是人对心态的选择。

读懂心态，驾驭命运，改变心态，创造人生。心态决定人生，把握心态，就能成功！

好心态是成功的保证

大千世界，芸芸众生，总有些人是失败者，一些人是成功者，而每个人的人生也会总有得有失，有时甚至是失大于得。我们不要轻易否定自己、否定过去，对于未来更不能失去信心。在现实生活中，一个人对自己、对未来的心理定位正确与否，直接影响其人生目标的实现与否。因为一个人的心理定位就相当于人生发展的坐标。

从目前来看，人们对自己的未来和生活主要有三种心理取向。

★悲观的迷茫心理

如今社会上许多人，尤其是许多年轻人和下岗人员对未来和生活往往持有一种悲观的迷茫心理。对于自己的过去，无论有无辉煌，都一概加以否定，心理上充满了自责与痛苦，嘴上有说不完的遗憾。对未来缺乏信心，一片迷茫，以为自己一无是处，什么事都干不好，认知上否定自己的优势与能力，无限放大自己的缺陷。持有悲观心理的人，一方面，是看不见自己的长处和优势，常常因缺乏信心和勇气而事业难成；另一方面，这种人在心理定位上对自己常持否定态度，不能接纳自己，使其内心长期处于失衡与迷失状态，人生体味中只有痛苦、受挫感和失败感，久而久之，会使其产生抑郁、不安、心理失调等心理问题。

★浪漫的乐观心理

持有这种心理的人，往往追求非经验、非能力范围内的目标。对未来有着美好的憧憬，对自己充满了信心。但却对未来道路上的坎坷与低谷，心理准备不足或根本就没有准备。对人生目标规划得头头是道，但却对自己的能力和优劣势没有正确的评估。其结果要么是心有余而力不足，事倍功半；要么是摔得浑身是伤。由于心理上过于乐观，准备不足，应变能力差，往往导致人一蹶不振，变得失去信心。值得注意的是，持有这种心理的人往往是一经打击，便转而走向悲观的心理取向。

★务实的目标心理

比塞尔是西撒哈拉沙漠中的一颗明珠，它靠在一块约两平方千米的绿洲旁。每年都有数以万计的游客来此参观。然而在1926年英国皇家学院院士莱文发现之前没有人知道它的存在，更奇怪的是，这儿的人也没有一个走出过大沙漠。村里人对莱文说无论走哪个方向，都会转回来。比塞尔人为什么走不出去呢？莱文非常纳闷，于是他就雇了一个当地人，让他带路，看

到底是怎么回事。他们走了10天，走了约1200多千米，耗尽了所有的粮食和水。第11天早晨，一块绿洲出现在他们的眼前，他们果然又回到比塞尔。这回莱文明白了，比塞尔人走不出沙漠，是因为他们根本不认识北极星，更没有指南针。

在现实中，我们就是比塞尔人，要获得成功，光有信心、想法、勇气是不够的，还需要一个正确的方法和目标的指引，我们才能走出一事无成的人生沙漠。

国际象棋大师谢军曾讲过她参加两次大赛的不同经历。1996年在西班牙和苏联象棋大师波尔加进行卫冕战时，因波尔加将比赛一拖再拖，使得谢军非常心烦，当比赛最终定下来时，她已深感厌战，结果输得惨重。在1999年的世界冠军争夺战中，虽然波尔加无理取闹，加里亚莫娃又故意拖延比赛，但谢军接受了上次的教训，始终不为其所扰，以静制动，不急不躁，结果这一仗打得非常漂亮。

谢军的经历给我们以启示：保持良好的心态是取得成功的基础。从心理学上来说，一个人对自己的能力有正确的评价，再有一个切合实际的目标牵引。换句话说，也就是自我心理定位正确，然后再一步一个脚印地走下去，取得成功就不是特别困难的事。并且由于心理定位正确，对于前进道路上的暂时的挫折有心理准备，能够接纳现实与失败，并不断地调试自己的心理，既有利于身心健康，也有助于事业的发展。

第四节 不要畏惧梦想航程中的险滩和暗礁

社会现实给了人们不得不承受的压力，纵然年轻的心有承受压力的豪情，但真正经历了，有多少人能够继续保持斗志昂扬？于是，慨叹、忧郁、沮丧、失落频频出现在人们本已茫然的眼神中。真的要在挫折面前暴露自己懦弱的一面吗？年轻人因为年轻，经历上碰到的困难也不多，所以原本的锐气很容易就被挫消。可是事物都有两面性，也正是因为年轻，才有更多的时间和精力去面对挫折？“不经历风雨，怎么见彩虹？没有人能随随便便成功”，这句每个人都知道的歌词，它是否真融入一个人的思想意识当中？“年轻不怕失败”，这话并不是说要倚仗自己年轻就肆意犯错，而是在告诉人们，面对失败时应该持有的一种姿态：要勇于接受挑战、认真汲取经验教训。所以，愿意或希望自己有勇气去迎接挑战的朋友们，不要胆怯，跌倒的经历对人生来说未尝不是一种财富。

跌倒也是一种成长

因为年轻，我们不怕失败，失误一次，对人生的醒悟增添一阶；受挫一次，对生活的理解加深一层；不幸一次，对世间的认识成熟一级；磨难一次，对成功的内涵透彻一遍。从这个意义上讲，想获得成功和幸

福，想拥有快乐和欢欣，首先要读懂失败、不幸、挫折和痛苦。

漫漫人生之旅，虽然你无法改变天气，但却可以改变心情；虽然不能延长生命的长度，但却可以拓宽生命的宽度。面对磨难，从容不迫，自强不息。想办法去解决，相信“病树”前头定是“万木春”，“山穷水尽”之后定是“柳暗花明”。年轻人需要积极向上的心。心怀坦荡，平淡的生活也就变得更加丰富多彩。心怀坦荡，幸福就会时刻围绕在你身边。坦荡如歌，奏响一生之中最美的乐章，使人生绽放光芒。

年轻人要想做成一点事情，资金不是最重要的，重要的是要敢想、敢冒险，善于学习、善于从实践中获得经验。年轻人最大的资本就是可以毫无顾虑地做很多事情，这是一种积淀。所以说，趁年轻时多学习点东西，多尝试些有用的工作，绝对不是坏事。

有一个年轻人创业的故事。她叫王佳，如果你看到她，会觉得她是哪家公司的文秘，年纪轻轻、气质优雅，没想到她竟是某电脑公司的一把手，而且在某地还有两家独立注册的公司。这个生在普通的家庭里、毕业于普通的某广播电视大学的28岁的女大学生究竟有何能耐，居然在走出象牙塔的短短几年里就创业成功，可能你会对此充满了好奇。

和大多数人一样，首先想到的就是王佳既非名校毕业，又无电脑特长（她学的是英语专业），她是不是靠家里？得到的答案却完全不是那么回事儿。“父母都是农民，家里条件并不好，根本就靠不上，大学刚毕业也是循常规去找一个单位领一份工资，可是我不想就这么打一辈子工，想想自己还年轻，何不自己去创一番事业，可能骨子里就有那么一点儿不认命、不安分的因素在那里吧。”

她之所以选择电脑行业，是因为她的男友是学计算机的，加上电脑又是新兴产业，前景广阔，于是1999年，两个穷大学生揣着仅有的5000元钱和从亲戚朋友处借来的几万块在宁波海曙区开了一家电脑科技经营部，主要从事硬件销售。一开始，两个人什么都干，什么技术员、销售员、出纳、仓管等，一个人身兼数职。是大学生的热情、诚恳让他们赢得了第一次成功。2000年，驻大榭某部队在众多的电脑经营公司中独独向他们抛来了绣球，下了一笔20几万的订单。这么大一笔单子可把两个年轻人给高兴坏了，他们第一次觉得自己原来真的行。这一单，他们把利润降到了最低，尽管只赚了一两万，但又尝到了成功的喜悦，让他们豪气冲天。他们的诚信经营和优质服务给客户留下了极深的印象，也就是这笔生意为他们带来了源源不断的客源，地方部队逐渐成了他们的主要客户。2001年，他们终于有了一家注册资金50万的公司，又过了一年又增资至100万。

王佳说："回头看当初走过的路，可以说创业的每一步都把酸辣苦涩尝遍，"大学生创业最大的困难就是没有经验，为此，她说他们交的学费也不少。一会儿是光天化日之下有人把笔记本电脑偷走，一会儿又被诈骗公司开的空头支票骗走数万元。给她印象最深的就是那次税务危机，差一丁点儿就要关门了。他们一开始做的时候什么都不懂，卖出去的组装机配件什么的都没开发票，因为进货的时候也没有发票，还以为这是电脑行业的行规呢，结果税务人员来查账，罚款加补缴税交了十多万。交了这笔昂贵的学费之后，当时连报表都看不懂的王佳开始补习财会知识。只要肯学，没有什么困难是克服不了的。王佳凭着一股韧劲，边学边做了两个月的报表，所有的凭证都自己做，再让会计检查，错了就改，如今已是熟门熟路。以后她就怀着一种空杯子心态，一点一滴地往杯子里加水，慢慢地从一个没有任何社会经验的大学生成长为能独当一面的总经理。

王佳说她的成功得益于换位思考，换位思考也就是作为卖

方从买方的角度出发想问题。如果我是消费者，我需要什么样的产品、什么样的服务。正是基于这样的考虑，他们会想方设法地为客户提供最佳的购买方案，宁可自己少赚一点儿，尽量为客户着想。比如有一客户来订购复印机。她会马上向客户建议更省钱的方式，即以出租的形式让客户得到设备，他们则以每复印一张两毛钱的价格收费，年终结算，设备维护什么的都由他们公司负责。客户满意接受，直夸这个办法真好，既省钱又省事。又如某外贸公司新开张要安装服务器、电脑等，他们通过统一协调安排，能为客户省几个站点就省几个站点，降低成本的同时也拥有了一大批回头客。2004 年，王佳的电脑公司被某市政府定为联想笔记本电脑定点采购单位，还被联想集团评为他们地区的金牌经销商。

能走到今天这一步，王佳说，可能年轻就是最大的资本，一旦失败，大可从头再来，年轻不怕失败！

年轻就是资本

人生不能没有失败，失败后要看人们如何面对。吸取经验，重整旗鼓或一蹶不振。在哪儿跌倒在哪儿爬起来的最大资本——年轻。年轻，不怕失败；年轻，有时间去做；年轻，没有什么不可以。

年轻不怕失败，在一次又一次的失败中我们不断成长，终有一天我们会获得让世人侧目的成功。

人在年轻的时候总喜欢去坚持些什么，这样做很对，因为年轻不怕失败，年轻就是资本。

年纪大了，就会患得患失，就会瞻前顾后，到最后还是会选择保守的生活。少了那份青春的冲动，多了所谓的成熟。

因为年轻，我们不怕失败。前辈的关心呵护和支持都无私地给予我们。一条无限延伸的道路就在我们的脚下，这一切都是因为我们拥有年龄的优势，那就是年轻！年轻是我们的优势，但这一优势并不标志人生的优势。

因为年轻，所以不怕失败；因为年轻，我可以竭尽全力地为了自己的理想而奋斗。年轻也是我们最大的缺点，因为年轻，所以我们没有足够的经验；因为年轻，所以我们没有丰富的履历；因为年轻，所以我们不得不面对失败，但是年轻不怕失败，怕的是没有面对失败的勇气，怕的是不能从失败中得到成功的经验。因为年轻，所以气盛，强烈的自信和奋斗让自己对未来充满信心。虽然没有事事争强好胜的性格，但却有不甘平凡的一面，强烈的进取心让自己一直努力。因为年轻，所以充满了好奇，大胆、创新让生活充满乐趣。因为年轻，才最少保守思想；因为年轻，才更具有希望、理想和抱负；因为年轻，生命是一张白纸，可以尽情挥毫泼墨；因为年轻，可以不怕失败，大胆地往前走，跌倒了可以重新爬起来。

花开花又落，世事谁又能预料呢？在我们前进的过程中，难免会出错，难免会失败，但那又怕什么，犯错是我们年轻人的特权，跌倒使我们学会更稳地走路，失败又爬起来，那不是真正的失败；失败了就一蹶不振，那才是真正的失败。因为年轻，我们可以从头再来，所以年轻没有失败；因为年轻，我们充满着希望与激情。

毛泽东说过："世界是你们的，也是我们的，但归根到底是你们的。你们年轻人朝气蓬勃，正在兴旺时期，好像早晨八九点钟的太阳。希望寄托在你们身上，世界是属于你们的，中国的前途是属于你们的。"因为年轻，我们对未来充满憧憬，我们绝不满足于一次的成功。我们充满着青春的活力，又开始了新的旅程，继续用激情来点燃青春。

年轻就是资本，在我们失败时、在我们放弃时、在我们失恋时、在我们放纵自己时，我们都会用这句话来为自己开脱或为自己加油。年轻

有着旺盛的精力、有着昂扬的斗志、有着近似疯狂的激情，它让你目空一切，让你觉得我也可以成为比尔·盖茨，成为陈天桥。也许很多过来人看透世事，抱怨社会的不公，报怨世界的现实，会嘲笑年轻人的幼稚，嘲笑年轻人的激情，会说总有一天你也会像我一样。人生就像旅行，不在乎目的地，而在于沿途的风景！我们年轻，我们还有机会，不要等到你觉得没有时间、没有机会的时候再去后悔，为什么我年轻时不去尝试，不去努力？那是最可悲的！努力吧，年轻的人们！年轻不怕失败！

因为年轻，我们勇于站到新的起跑线上。当我们再一次站在起跑线上的那一刻，昨天的辉煌已在我们身后，今天的起点就在脚下，明天的胜利还在远方。新的起跑线意味着新的起点，一切还需从零开始，从头做起。因为年轻，我们就要从零开始。因为年轻，我们更敢于从零开始。

未来需要自己的头脑和双手去创造，拼搏会让人生更精彩。因为年轻，我们要敢于去拼去闯，我们可以为了人生的目标奋勇向前，尽管我们在奔跑的途中会跌倒，会有风吹雨打，但我们年轻，我们经得住风雨的考验，因为我们有强健的身躯和坚强的意志。

年轻人，加油吧！不要怕跌倒，不要怕失败。激扬你的青春，放飞你的青春，放飞你的理想。让青春舞动起来吧！因为年轻，没有什么不可以！

年轻是财富，年轻真好！然而，这年轻的财富不是永恒的，过来人都深深感悟：青春稍纵即逝，只有那些在事业上奋发进取、孜孜追求的人，才能真正收获青春的价值。

第五节　任何时候都不能忘记对自己的承诺

人都是必须有承诺的，无论对人还是对己。其实，生活中，对自己的承诺是很重要的。

有这么一段文字充满了人生的寓意。它是这样说的：

在一座小庙见不到一尊神明，这显然不是庙宇的特点。所有的游人都在心头存下一个疑问。遇到一个当地人，一个游客就问此人："此地庙供奉的是什么神明？"当地人笑笑地叫他自己看一小庙四周都是明镜，他四下瞻顾，只见自己。

每个人都是自己的主宰神

在绝望中寻找来一线希望的，于逆境里挣扎出一条坦途的，是自己。无论一个人对什么寄予希望，其实都是对自我的救赎。

每一个人都是自己的神。每个人能掌握自身的行止，能控制自身的言语，可以主宰自己的命运！不必妄自菲薄，无须动辄示弱。

"你想来找神，你只能找到自身"——没有炫目的佛光，没有五彩的祥云，也没有氤氲的瑞气，没有了传说中神祇的配备和衬托，但是，自身却是世间最真实的"神"。

若要问神佛祈求希望与成功，不如对自己承诺信心与勇气！

不忘对自己的承诺

要看重对别人的承诺，正所谓“一诺千金”，从承诺中可以看出一个人的人格风度。

也许有人认为这是多此一举，自己对自己还不放心吗？用得着承诺这么严肃的字眼吗？不管是做什么职业的，一旦对自己有了某方面的承诺，就会发现自己好像上紧了发条的钟表，有着无穷的动力。

一位名为王刚的人是从销售做起的，此前他对销售几乎一无所知，可以说是一张白纸。虽然做销售没有经验，但王刚肯于吃苦。他一个星期似乎都没有休息，大部分时间都在用户那儿，因为是技术销售，王刚可以利用自己学理工科的优势，他很快弄懂了要向用户推荐的产品。用户首先要信任产品，但信任产品之前，还要相信你。因为相信你，才会相信你的公司。

在常人眼中，王刚说自己做销售没有什么诀窍，他认为，做销售，不是靠你绚丽的言辞，而是一靠诚实，二靠讲信誉。产品是什么样就是什么样，决不夸大其词。王刚很看重自己的承诺，什么事到了他手上，他答应的一定做好，决不糊弄。

有承诺的人，特别是对自己有承诺的人总会受到特别眷恋的。

不到而立之年的王刚走马上任，担任中国区经理兼首席代表，负责整个中国区的业务。

不再是自己单枪匹马地干了，现在是带领一支团队，王刚的压力就更大了。而他从不同的角度来看待同一个问题。在他的眼里，压力不再是压力，而变成了动力。压力来自客户，来自跟踪。他自认是个乐观开朗的人，有自己对自己的承诺，他没有碰到太多不能解决的问题。

王刚在工作中充满了激情。他认为人的激情很重要。他始终把自己的承诺放在自己的眼前，因为没有承诺的人生是不完整的人生，特别是没有对自己的承诺。而王刚对自己的承诺就是做真正的自己，不要强求。

法国现代大师罗兰巴特在谈到他所希望的理想生活时说：“有点儿钱，不要太多；有点儿权力，也不要太多；但要有大量的闲暇。”

这也正是王刚比较理想的生活状态。他想有一份自己喜欢的工作，有比较弹性的工作时间，让他时时能够去亲近大自然。随着生活阅历的增加，他不断地告诉自己，工作真的不是生活的全部。但人不工作就会脱离社会。要学会放松自己，不要太辛苦。

人生是个舞台，人生是个过程，人生都会有梦想，伴随我们走过人生的是我们永不疲倦的责任心，是我们自己对自己的承诺。

实现自己对自己的承诺是人生实现追随我心的标准，什么时候都不要忘记对自己的承诺是对自己最大限度的负责任。每个人可以做出不符合别人心情的事，但千万不要做出不适合自己的事来，为自己工作和生活才是人生最大的幸福。

第六节　做自己最需要的事

聪明的人知道哪些事情需要及时地去做，自己分内的事决不会再拖

给别人，自己会认真地把这些事情做完，就像一匹匹负责任的狼一样，它们时时刻刻都不会忘记自己需要做的事是什么，而且对这些事情不会置之不理，相反，它们会认真地对待这些事情。

做好自己该做的事

克里姆林宫的一位老清洁工曾经说："我的工作同叶利钦的差不多，叶利钦是在收拾俄罗斯，我是在收拾克里姆林宫。每人做好自己该做的事。"多么有道理的一句话啊！从表面上看，这位老清洁工的话可能是有点儿狂妄，因为一个清洁工的工作怎么能跟一位总统的工作相提并论呢？但是仔细思量，却不能不佩服这位老清洁工，其实在她的话中蕴含着深刻的人生哲理。总统的工作可以说是非常重要的，但那只是总统的工作。对于一个清洁工来说，她的工作就是把克里姆林宫打扫干净，也是自己的工作。他们在本质上是没有任何区别的。其实，工作就是这样，做好自己该做好的事，在工作本身来说是没有任何区别的。

曾经有则报道这样说：名厨董顺翔练就的"五掌功"曾创下了杀鸡的吉尼斯世界纪录。董先生能练就这样一手绝活，靠的不是什么秘诀，而是对工作的热爱和执着，他认为自己该做好自己应做的事，而杀鸡正是自己该做的，杀得快也是自己应该的。对他自己来说，这一切都是非常正常的现象。

有人曾经问一位美国总统的母亲："你为有总统这样的儿子自豪吗？"那位总统的母亲平静地回答："我还有一个儿子，他正在地里挖土豆，他勤劳朴实，我同样为他自豪。"当然，当农民不见得就比当总统下贱，因为他知道哪些需要自己去做，哪些不需要自己去做。像总统、首相这样的宝座可以说都是非常诱人的，可这样的宝座是有限的，不是每个人都有机会坐上去。所以，大多数人还得做自己该做的事。与其盯着永远也得不到的东西，还不如从眼前的、身边的小事做起。做自己该做的事，做自己做得了的事，做自己能够做得好的事，做好自己该做的事。

做好自己该做的事，这也是人生的一个真谛。只有做好自己该做的事，人活着才会更有价值，这样的人生才是最为幸福的人生；只要做好了自己该做的事，人活着才会更加有意义。

从自己的本职开始

每个人都有自己的野心，有自己美好的想法。但是野心和想法不能整天都挂在嘴上，能够给自己的上司留下一个好的印象这一点是非常重要的。

在生活当中常有一些只说不做的人，这种人是不会受到人们喜欢的。因为他总是在没有做好自己的事的前提下对别的事指指点点。这样的“怀才不遇”不是真的怀才不遇，而是那些自以为是的人心里所认为的。这样的人在生活当中有很多。千里马不是经常都会有的，但如果真是一匹千里马，一次错遇伯乐，应该还有第二次、第三次……很多人之所以出现一种不好的结局，主要是因为自己造成的。关键的地方就在于这个人能不能做好自己该做的事情。

无论一个人的才干如何，都有可能会碰到没有办法施展自己才干的时候，这时候千万要记住：即使你觉得自己“怀才不遇”，这个时候也不要把这些明显地表现出来，这样沉不住气的做法只会让别人更加轻视你。

在这个时候，对自己能力的评估也是非常有必要的。是否高估了自己—人应该有一个自我评价的能力。如果怕自己评估不客观，可以找个朋友或较熟的同事帮忙一起分析；如果别人的评估比自我评估的结果要低，这个时候就需要你自己能够虚心地接受。因为在某些情况下，旁观

者清，当局者迷，所以别人也许会了解得更加深刻，在这个时候就需要虚心地去接受，把自己的特长亮出来，做自己应该做的事情。更多的时候，怀才不遇者是因为用错了专长。他们确实有才，但用得不对，或者不是时候。如果有第二专长，在这个时候也可以让别人给自己一个好的机会试一试，由此也就会为自己开辟另一条生路。

和谐的人际关系在这个时候是更加有必要的，不要成为别人躲避的对象，反而应该以你的才干协助其他同事。无论怎样，做好自己的事，努力帮助他人，从本职做起，从小事做起，总会得到自己想得到的东西的。

自己分内的事要努力干漂亮点儿

对一个人来说，自己有远大的抱负，有做大事的真知灼见，但却总是没有把自己的事做好，别人会怎么看他呢？古人有语：“一屋不扫，何以扫天下？”把自己的屋子打扫干净了，再谈其他的事，就会非常顺手。

生活中如此，工作中更是如此。要对自己的工作喜欢才可以，就像是在谈恋爱的时候一样，只觉得时间像风一样嗖嗖地溜走了。究其原因，是因为你在干一件你内心十分想干的事，这种喜欢是你发自内心的，试想，如果把工作视为谈恋爱，是不是会有同样的感觉呢？答案可以肯定地说“是”。

一个不可能会成功的人士，一般脸上都会带着一种愠怒厌世的表情，他们不喜欢他们的工作和他们生活的世界，怀疑他们周围的人都是不诚实和愚笨的。他们会用一种非常异样的眼光来看待事情，一切都看成黑暗的，并且他们自己对生活的绝望态度和无所寄托的颓丧情绪也在影响着周围的人。

而一个非常聪明的人，他们是不会与朋友更不会与同事谈论自己的老板和公司：“我要应付那些我不愿做的事，为什么一定要给那个讨厌的头儿干活。老板一点儿也不了解我，信任我。”而一旦那样，就会非常容易给人一种消极、喜欢发牢骚的印象，这样也就会丧失自己上进的动力与兴趣，而且还会阻碍自己以后的发展。

松下幸之助说过：“人生的最大生活价值，就是对工作有兴趣。”对于做同一件事情来说，也许有人会觉得做着很有趣，而有人觉得做着毫无意义。爱迪生也曾经这样说过：“在我的一生中，从未感觉在工作，一切都是对我的安慰……”如果一个人不能选择自己更喜欢的工作，就要尽力喜欢眼前的工作。因为只有这样，才可以让自己开心起来。只有积极地寻求自己的使命感，才能增强战胜困难的决心和力量，才能获得最后的胜利，才会感到生活的幸福。一个使命感非常强的人，他会努力地对自己进行一下实践，而一个没有使命感的人，他们就会走一步算一步，这就是成功者和失败者之间最大的差别。

松下可以说闻名世界，松下幸之助被评为成功的模范。而松下电器创业时公司并不大，假如一开始松下只想赚更多的钱，没有理想，那松下幸之助也只能和一个常人一样，即使成功了，也是一个小小的成功。他不会从电器事业中脱颖而出，更不会有今天这样举世瞩目的成就。而促成松下幸之助做自己的事业的使命感也只是起于一件非常小的事情：那是正值盛夏的一天，松下幸之助看见有人在陌生人家的自来水龙头下拼命地喝水，他遂有了一种使命感，希望做出像自来水一样廉价的商品，能够丰富人类的生活。正是因为他有这样的使命感，才使得他自己的人生就这样开拓了。

在古希腊神话中，有一个西齐弗的故事。西齐弗因为在天庭犯了法，被天神惩罚，降到人世间来受苦。对他的惩罚是：要推一块石头上山。每天，西齐弗都费很大的劲把那块石头推到山顶，然后再回到家里休息。可是，在他休息的时候，石头又会自动地滚下来。于是，西齐弗又要把那块石头往山上推。

这样，西齐弗所面临的是：永无止境的失败。天神这样做是想要惩罚西齐弗，用这种方法折磨他的心灵，让他在一个“永无止境的失败”命运当中受苦受难。而且在他每次把石头推上山的时候，天神都会打击他，告诉他不可能成功。可是，西齐弗不肯在成功和失败的圈套中被困住，一心想着：推石头上山可以说是我的责任，石头到了山顶，我的责任也就尽到了，石头会不会滚下来，这不是我自己的事情。

就在西齐弗经过努力把石头推上山时，他心中显得非常平静，因为他安慰着自己：明天还有石头可推，明天还不会失业，明天还有希望。天神因为无法再惩罚西齐弗，他也就这样被放回了天庭。西齐弗的命运可以说是生活中许多人的命运，一个人意识到自己的存在，认同自己的存在，是一件不简单的事；一个人能透视自己的命运，掌握自己的命运，更是件不容易的事。但是，更困难的则是把命运转换成使命，因为，使命的含义要超过神话中的内涵，对自己的谋生之路关系也是最大的。

歌德曾说：“如果工作是一种乐趣，人生就是天堂！”如果对工作、对事业高度热爱，就不仅会喜爱自己的工作，还会把工作当成一件有兴趣的事。还可以喜爱自己不得不做的事，这样的一生会是幸福的一生。

一家报纸曾举办一次有奖征答，题目是：“在这个世界上谁最快乐？”答案是：正从事着自己喜爱的工作的人是最快乐的。

求乐与事业非但不矛盾，而且是和谐统一的。对工作有乐趣，可以得到快乐，事业成功了，可以得到更大的快乐。就像是埃及著名的作家艾尼斯·曼苏尔所说的那样：“事业成功本身，便是一种最大的快乐，最大的幸福，最大的力量。”所以，我们在追求事业成功的时候，这也是我们所要成功的一个最大的快乐。

做自己该做的事，会得到自己最想得到的快乐。

第5章

时机成就梦想

耐心比信心更为重要。信心是投资的动机，而耐心才能兑现机会，获取收益。没有耐心的投资者总是在不断地买入卖出中消耗自己的体能和金钱，甚至消耗自己的信心。正如小李飞刀，不出手则已，一出手就全力以赴，其中包含了多少坚强和忍耐！

第一节 把握生命中的每一次时机

世界知名的基金经理朱利安·罗伯森曾说过："我一直等到钱落到离我不远的角落里，然后我所要做的事就是，去捡回来。"说到这里相信你已经明白，耐心比信心更为重要，没有了耐心，信心就是纸上谈兵。

要有待时而动的耐性

在北美的草原上经常会出现这样的场景：

一群散开的狼突然向一群驯鹿冲去，恐惧的驯鹿因恐慌而纷纷逃窜。这时，狼群中的一匹"刽子手"会斜刺冲到鹿群中，抓破一头驯鹿的腿。狼群之所以选中这头驯鹿，正是因为它们发现它的某些弱点易于攻击，随后这头驯鹿又被放回队里了。令人费解的是，当狼群再攻击鹿群中的同伴时，周围那些强壮的驯鹿并不援救，而是任凭狼群攻击它们的同胞。这样的情况一天天地加重，受伤的驯鹿渐渐失掉大量的血液、力气和反抗的意志。而狼群在耐心地等待时机，它们定期更换角色，由不同的狼来扮演"刽子手"，使受伤的驯鹿旧伤未愈又添新创。最后，当这头驯鹿极为虚弱，再也不会对狼群构成严重的威胁时，狼群全体出击并最终捕获受伤的驯鹿。实际上，此时的狼也已经饥肠辘辘，在这种数天之后才能见分晓的煎熬中几乎饿死。

有人想问，为什么狼群不直接进攻那头驯鹿呢？因为像驯鹿这类体型较大的动物，如果踢得准，一蹄子就能把比它小得多的狼踢翻在地，非死即伤。

耐心保证了胜利必将属于狼群，狼群谋求的不是眼前小利，而是长远的胜利。这种待时而动的耐性对人也非常重要。

吉姆经营了一家公司，他是一位70多岁的老人，可他不愿待在家里过悠闲的生活，他每天都要到公司去转转。他有个很古怪的习惯，就是喜欢趴在门缝边看他的员工都在干些什么，或者干脆不敲门就直接闯进去，弄得员工们都很尴尬，可老吉姆却哈哈大笑起来。他对公司里的员工很是和善。哪位员工没把事做好，他总是走过去说："伙计，别灰心，再坚持一下准能成功。"然后在这个员工的肩上拍一拍。就这样，大把大把的钞票流到了老吉姆的口袋里。

有一天，他公司新产品研发部的约翰走进了他的房间。米黄色的地板一尘不染，室内的景致错落有致。老吉姆坐在办公桌前，脑门被射进来的阳光照得油光发亮，他的孙子靠在一旁的安乐椅上，摆弄着一张画报。约翰心想，这个老头有什么本事，拥有这么多的财富。我能有这么大的房子该多好啊。这次约翰来是为新产品研发的事，他说："董事长，很抱歉，新产品研制实验失败了。"老吉姆不慌不忙地说："来来来，有什么事坐下再说。"他指了指一旁的椅子，"有什么困难，坚持一下，或许就会成功的。"约翰沮丧地说："都100多次了，我看就算了吧。"老吉姆爽朗一笑："小伙子，我让你任主管就相信你一定能行的。别灰心啊！"约翰觉得自己实在无计可施了，只得说："你再换个人吧，我实在是没办法啊。我已经尽力了。"

老吉姆朝椅背上靠了靠："还是让我给你讲个故事吧。我27岁那年，还一事无成。我就不断地对自己说：我一定能成功的。

就这样三年过去了，我终于研制成功了一种新型的节能灯。但是，你知道，下一步就是最重要的一步，需要资金来把它推向市场。可我那时还一事无成，哪来资金？不过我终于说服了一个银行家为我的灯投资。下一步好像就等着回收大把大把的钞票了，可是不是这么回事。很显然，这种灯一旦投放市场，其他的灯类销售就会受到影响。别的灯具公司就开始百般阻挠。不幸的是我又得了病，医生要我住院治疗。这就给了他们可乘之机。我躺在床上毫无应对之策。这时其他灯具公司又在报上说我得了不治之症，很可能活不久了。投资节能灯纯粹是为了骗银行家的钱。更糟糕的是，这位银行家相信了报上的消息，撤销了投资，这对我简直是最大的打击。在我一再坚持下，医生同意陪我去见银行家。我在他面前必须坚强：'先生，你相信报上的消息吗？'我摆了个潇洒的姿势。他看到我的精神这么好有点儿动摇了。你知道下面的事就好办多了，最终我又说服了他。可当他刚走出去，我就一下子瘫倒在地，医生马上把我送到了医院。就这样才有了今天的一切，你还要放弃吗？"

每个人对生活和事业都有着不懈的热情。把长久的热情投入到一个人的学习工作中的时候，就抓住了成功的时机。爱迪生十年的热情凝结成蓄电池的能量，拜伦的嘲讽浇不灭的热情铸炼出一首首不朽的诗篇。这是源于热情的坚持，一种强烈而真挚的追求，它引导无悔的追随者走向成功。

如果你说他们的成功只是一种出于最热切的执迷，那么，越王勾践的卧薪尝胆，太史公司马迁忍辱著《史记》便是出于最坚忍不拔的反抗了。他们的坚持是被压迫意志的燃烧，是一场无声的激战。他们紧握着

“坚持”这一最有力的武器，于是，他们胜利了。勾践击败了仇敌，司马迁赢得了历史。他们的高峰是忍耐和坚持不懈堆积的成果。

上天始终是公正的，它会公平地分给每个人一些大大小小的机遇，有些人善于把握机遇成为成功者，而有些人却不在乎每一次的机遇，最终一事无成。

善于把握机遇的人会成为最终的胜者

秦末汉初的叔孙通可算是一个知道待时而动的聪明人。他原是秦王朝的待诏博士，后来带100个门生投靠刘邦，刘邦不喜欢儒生，他专门推荐“斩将搴旗之士”。他的弟子很有怨言。他对弟子们说：“现在是打天下的时候，你们能参加战斗吗?你们耐心等着，我不会忘记你们。”刘邦即帝位以后，废除秦时仪法，结果“群臣饮酒争功，醉或妄呼，拔剑击柱”。刘邦很恼火。叔孙通看准这个机会，向刘邦建议说：“夫儒者难与进取，可与守成。臣愿征鲁诸生，与臣弟子共起朝仪。”于是他邀请鲁国的儒生和他们的弟子共百余人操演皇帝上朝的礼仪。后来正式按这套礼仪举行朝典，没有人再敢喧哗失礼。刘邦非常高兴，说：“吾乃今日为皇帝之贵也。”，叔孙通为太守，赐金500斤。叔孙通又趁机对刘邦说：“我的弟子跟随我很久了，这次和我一起制订、操演上朝的礼仪，希望陛下能重用他们。”结果，他的弟子都得到了“郎”的职位。叔孙通把刘邦赏的500金也分给众弟子，弟子们皆大欢喜，说：“叔孙生诚圣人也，知当世之要务。”

在当时的年代，叔孙通的做法受到一些儒生的批评。他为人处世的

确有阿谀奉承的庸俗作风。例如他为了亲近汉王刘邦，脱下儒服，换上短装。但他能够识时务，待机而动，这一点是值得我们学习的。司马迁也称赞他“稀世度务，制礼进退，与时变化，卒为汉家儒宗”。

在现实生活中，要将掌握时机和主观能动性的发挥结合起来。面对有利的时势、环境和条件，只要善于利用并合理利用，就能获得成功。当只看到时势变化的趋势，并不具备现成的有利条件和机会时，就要根据时势的发展变化，主动创造成功的条件和机会，不能消极被动地应付时势，守株待兔。

第二节　用机遇实现人生跳跃

当机遇来到人们面前时，能够发现并且抓住，就好像在大街上远远地发现了久未谋面的老友，一下子就认出了他，找到了他。机遇就是梦想的实现，知识是为每个人的梦想准备的。没有梦想，机遇就无从谈起，因为机遇钟爱有准备的头脑。机遇对每一个人都具有重要意义。法国拉罗什夫科曾说过这么一句话：“仅仅天赋的某些巨大优势并不能造就英雄，还要有运气相伴。”

借力机遇，成就自己

人的一生中充满着诸多的不确定性，而机遇却能够改变一个人的人生轨迹。纵观世界的发展史，如果没有“月下追韩信”的萧何，那么韩信的才华就无法找到施展的舞台，人们也不会知道这个用兵如神的将领；

如果没有被落地的苹果击中了脑袋，那么牛顿就没机会去思考“苹果为何落地”的问题，“地心引力”不知道又会被谁所发现。

拿破仑说：“卓越的才能，如果没有机会，就将失去价值。”千里马常有，但伯乐不常有，才华加上机遇，能够大展宏图；平庸加上好机会，也能展现一技之长；但如果没有机遇或者总是错失机遇，无论是天才还是鬼才，都很难成就一番事业。

不做怀才不遇的人

俗话说：“造化弄人。”在生活中，有些人可能因为某次机遇而飞黄腾达，同样有人会因为缺乏机遇而“白了头，空悲切”。

古时候，长安城有一个人总想做官，而一辈子都没遇到做官的机会。时光如流水，几十年弹指一挥间。这个人眼看着自己头发已白，年纪老了，不禁黯然神伤。一天，他走在路上，不禁痛哭流涕起来。

有人看见他这般模样，感到很奇怪，于是走上前去问他说：“老人家，请问您为何如此伤心呢？”

这个老人回答说：“我求官一辈子，却始终没有遇到过一次机会。眼看自己已这样老了，依然是一介布衣，再也不可能有做官的机会，所以我伤心痛哭。”

问他的人又说：“那么多求官的人都得到了官，您为什么却一次机会也没遇上呢？”

这个老人回答说：“我年轻时学的是文史，当我在这方面学有所成时出来求官，正好遇上君主偏爱任用有经验的老年人。我等了好多年，一直等到喜好任用老年人的君主去世后又出来

求官，谁知继位的君主却是个喜爱武士的人，我又一次怀才不遇。于是，我改变主意，弃文学武。等我学武有成时，那个重视武艺的君主也去世了。现在继位的是一位年轻的君主，他喜欢提拔年轻人做官，而我，如今早已不年轻了。我的几十年光阴转瞬即逝，一辈子生不逢时，没有遇到一次做官的机会，这难道不是十分可悲的事吗？”说罢，他又抽泣起来。

俗话说：“是金子迟早会发光。”确实，才华是人成功的通行证，但是如果光是怀才不遇，没有赏识自己的人，那么就会像故事中的主人公一样“可惜生不逢时！时运不济，徒惹奈何！”

第三节　时机的四大误区

当今社会是一个高节奏、高压力的自由舞台。如果一个人身心的承受能力很脆弱，那么在各种竞争和压力下，十分容易萌发错误的思维，进而对事物的认识发生偏差。这种主观上的错误和差错无疑又成为人们抓住机遇通向成功之路上的绊脚石，稍有不慎，就会因此陷入困境。

怎样走出时机的误区，对于每个人的成败得失有着至关重要的意义。为了收获成功和幸福，就需要清晰的思路，合理的认识，跳出机遇误区的四大牢笼。

自我设限让时机背道而驰

很多时候，他人一句鄙视的话语、一副冷漠的表情、一个身边人失败的案例，甚至自己的一次小小的失误，都会令你心生恐惧。从此便精神萎靡，以至于降低了目标，乃至对于来到你面前的机遇熟视无睹。以上这些情形如果在你身上出现，那么说明你已经陷入了自我设限的怪圈。

多数人都安然自得地按照习惯的方式生活着，这种安逸的状态让人感到舒适，何必要打破现有的生活模式而刻意改变自己的生活方式呢？

生活中的每个人都或多或少地存在自我设限的倾向，而且时间一长，还会把自我设限作为自己不能去实现理想的借口。每当你想释放激情和潜力时，内心深处便会产生一个声音，“依据我的判断，这是不可能的。”

自我设限就像一个无形的路障，阻碍一个人成功之路上前行的步伐。而自我设限产生的原因就在于，一个人心里设定了一个“高度”，这个“高度”时刻暗示人们：这样做是行不通的，是不会有效果的。“心理高度”就是心理障碍，这是人们无法突破自己的主要原因。

刀鱼是吃小鱼的，但是有人想在一个鱼缸里既养小鱼又养刀鱼，而且希望它们能够和平相处。于是他做了一块玻璃挡板，将鱼缸一分为二，小鱼和刀鱼各在一侧养，当刀鱼看到了小鱼时，就像老鼠看到大米一样为之疯狂，不断地向小鱼们发起攻击，可每次都撞到玻璃隔板上，时间久了，知道不能过去的刀鱼也就变得安分守己。小鱼在看到这庞然大物都给吓坏了，拼命躲到边上，但看到刀鱼每次都过不来，也就慢慢适应了这种恐而不惧的生活，刀鱼和小鱼都不靠近那玻璃隔板。

这天，主人欣赏着无忧无虑的鱼儿们游来游去，并为自己

能让刀鱼与小鱼养在一起非常得意。这时，他突发奇想，如果把挡板拿掉会出现什么情况。于是他静静地去掉了玻璃挡板，刀鱼和小鱼都没有任何反应，都在原来的活动范围内游着，原来玻璃隔板已经形成了一个无形的分水岭。

当一种习惯形成以后，人们往往认为事情永远都会是这样子。以至于当事情发生了改变的时候，人们仍然墨守成规，不敢去打破旧有的模式，从而失去了大好的机会。

人们一直畏惧失败，唯恐自己用努力奋斗换来的一切因选择失误而荡然无存。所以更加依赖于经验，谨小慎微地做事，在做每一件事情时都自我压制，将人的潜力耗费于犹豫之中。失败的人并非是真正的失败，他们的精神是胜利的，这些“失败的人”会自圆其说地描述那些阻碍他们发展、缩小他们视野的障碍。而拥有方向感的成功人士则打破自我设限的层层障碍，依靠信心和决心将困难踩在脚下。时刻提醒自己：“我是最棒的，成功是属于我的！”

成功必有方法，失败定有原因。理想与现实之间的距离是行动。只有打破自我设限的禁锢，激发生命活力，释放与生俱来的成功力量，才能使人产生持续的行动力，达成既定的目标，提升个人生命的品质。

优柔寡断与时机失之交臂

时机就如同一个美若天仙的女子，它会吸引无数人注视，对其展开疯狂攻势的人更是不绝如缕。如果有幸上天让一个人认识了这位貌美的女子，并且这个人早已对她心生爱慕，但却思前顾后、左顾右盼，总是怕真情告白的结果会是收到一句否定，那么在优柔寡断的同时，女孩已经找到了另外的依靠。

有一位知名的哲学家，其才华迷倒了很多女人。某天，一个女子慕名而来敲他的门说："让我做你的妻子吧！我是最爱你的人，错过我，你将找不到比我更爱你的女人了！"

哲学家虽然也很喜欢她，但还是有些犹豫不决，一是他还不想为了一棵树木而失掉整片森林，二是他对婚姻还是有点迷茫，于是他回答说："让我考虑考虑！"事后，哲学家用他研究学问的方法，举一反三，将结婚和不结婚的好处与坏处分别罗列出来，结果发现好坏各半，不知该如何选择。于是，哲学家陷入了前所未有的苦恼之中。最后，他得出一个结论：人若在面临抉择而无法取舍的时候，应该选择自己尚未经历过的那一个。这样做，既可以丰富自己的人生经历，又可以无怨无悔。哲学家来到女人的家中，对女人的父亲说："您的女儿呢？请您告诉她，我已经考虑清楚了，决定娶她为妻！"

女人的父亲冷漠地答道："不好意思，大哲学家，你晚来了五年，我女儿现在已经是两个孩子的妈了！"几年后，哲学家抑郁成疾。死前，他将自己所有的著作都丢入火中，只留下一段对人生的注解：如果将人生一分为二，前半段的人生哲学是"不犹豫"，后半段的人生哲学是"不后悔"。

爱不可失，一旦错过了，将用一生去抱憾；机不可失，一旦失去了，就不会再回来。人一生当中所有的悔恨，罪魁祸首莫不是犹豫不决。犹豫作为"毒瘤"已经深入了许多人的骨髓，犹豫的人无论做什么事，总是留着一条退路，没有"破釜沉舟"的勇气，更没有当机立断掌握先机的魄力。许多惯于犹豫者，会怀疑独自解决事情的能力，将美好的理想放在天马行空的想象中。

同时，犹豫不决的人害怕压力，也害怕竞争。在对手面前，他们往

往不善于去战斗，而选择回避或屈服。犹豫不决的人对于自尊并不忽视，但他们常常更愿意用卑躬屈膝换来短暂的安宁；犹豫不决的人总会遭到嘲笑，而一旦遭到嘲笑，犹豫不决的人就会变得更加懦弱；犹豫不决的人经常自怜自卑，宏图大志是他们眼中的浮云，可望而不可即；犹豫不决的人常常害怕机遇，因为他们不习惯迎接挑战。可以说，犹豫不决是扼杀机遇的第一杀手，但也许会有人发问："难道决断迅速就能把握住机遇？"决断迅速，这是人把握机遇必备的素质，决断迅速也可能带来错误或是失败，但即使是这样，也比连犯错的勇气都没有的人要好得多。

好高骛远让机遇远离

要想克服犹豫不决的坏习惯，就要在最喜欢的时候穿上新衣服，在蛋糕最可口的时候去品尝，在最想做一件事的时候去做。生命也有保存期限，想做的事情就应该趁早去做，只有果断地处理生活中的问题，才能有一个无悔的人生。

好高骛远，世人往往急功近利或是奢求硕果，往往忽视达到目标需要在微小的地方加以努力，其结果通常是"小事做不好，大事也不成"。须知"合抱之木，生于毫末；九层之台，起于垒土"。自古以来，有所成就的人物，无不重视平日的积累及细小的处事方式所带来的影响。他们一度追求伟大，毫不顾及渺小，这让他们不得不在垂暮之年大倒苦水，对昔日的大梦想、高追求也只能付诸无尽的叹息。没有绝对的巨，也没有绝对的微。小，无妨，量多即大；弱，无妨，量多则强。没有一步步的脚踏实地，何来漫漫千里之途。

有一个年轻人，高中的三年苦读却没有换来一张大学录取通知书。他对学习已经失去信心，没有选择复读，而是到厨师学校学烹饪。自身的天赋，再加上后天的努力，厨艺进步很快，家人和身边的朋友都认为他很有前途。毕竟厨艺也是门技术，而且烹饪的技术一旦达到艺术的境界，“钱途”还是相当不错的。可他学了不到一年时间，竟有了一种好高骛远的心态，竟冒失地跟人从家乡跑到上海发展去了。

他总觉得自己的水平很高，已经能够应付并满足上海食客对厨艺的要求，而且他还盲目地认为上海的工资比家乡高很多，在那里一定会前途无量。很快他就在一家档次不错的饭店找到了工作，可没做几天，老板嫌他手艺差把他给辞退了。被辞退后，年轻人到处找工作又四处碰壁，成了一个“无业游民”。没办法，只好从上海返回家乡，但又没有颜面见亲朋好友，只能从朋友那借钱来维持生活，并吃住在朋友家。

在学任何手艺或对待任何事情时，都要从实际出发，认认真真地对待，等到学有所成，自然不愁没有好待遇。如果一味地好高骛远，则很有可能会失去原先拥有的好机会。

目光短浅使机遇成为陷阱

目光短浅，让机遇成为陷阱。做大事并不是一件轻松的事，而是非常有挑战性的。如果都准备好了，现在只需要放弃眼前的一些蝇头小利，把目光盯在远方，迈动双脚，朝着自己远方的目标，坚定地走下去。

心态或者观念的不同，同样的情况，可能会得到截然相反的结果。

提起瑞士，恐怕所有的人都会下意识地想到手表。的确，手表几乎已成为瑞士的某种象征，这也是瑞士人最值得骄傲和自豪的地方。手表为瑞士带来了无尽的商机，也为瑞士带来了莫大的荣誉。在世界钟表业数百年的发展进程中，瑞士手表曾攀上风光无限的顶峰，也曾滑落至衰退低谷。可以说，如今瑞士世界钟表业的霸主地位已经名存实亡，因为日本已经后来者居上。

随着半导体材料的问世，引发了钟表业的革命，因为使用半导体材料生产的石英表比传统技术生产的机械表更准确、更便宜、更方便。当时，瑞士的钟表企业也认识到了这一点，但由于他们目光短浅，并不看好石英表的发展前景。结果，日本的精工集团迅速瞅准了机会，组织了大量技术人员攻关，推出了石英电子表，并迅速大规模生产，极大地占领了市场。日本的精工集团尝到了出奇制胜的甜头，后来在日本奥运会上出尽风头，积极向电子计算机、电子打字机、半导体、液晶电视和机器人等电子领域扩展。

可见，要获得成功，战略眼光是非常重要的。目光短浅，则会错失机遇。机遇对于一个人的成功是极其重要的，它和天赋一样，毕竟也只是提供一个机缘，一个条件，一种可能，要让这种机缘与可能变成现实，人们还要通过自己的艰苦努力。

第四节　主动创造机会，被动收获成功

人不仅要把握机遇，更要创造机遇。走向成功的人，绝不是一个逍遥自由、没有任何压力的旅游者，而是身在其中的参与者。创造机遇，就是主动出击。善于制造机遇，并张开双臂迎来机遇的人，才是最有可能成功的人。培根指出："智者所创造的机会，要比他所能找到的多。只是消极等待机会，这是一种侥幸的心理。正如樱树那样，虽在静静地等待着春天的到来，但它却无时无刻不在养精蓄锐。"人在等待机会的时候，还要时时审时度势，以寻求有利发展的机会。

学会独辟蹊径

在工作中创造机遇展示自己的才华，这是成功者应有的胆略和必备的智慧。面对工作中的难题，你能主动出击，也许你将从此走出平庸，改变命运。

在西格诺·法列曼的府邸正要举行一场盛大的宴会。就在宴会开始前夕，桌子上的那件大型甜点饰品不小心被弄坏了，管家急得团团转。

这时，一个孩子走到管家面前小声地说：“如果您能让我来试一试的话，我想我能解决这个问题。”

“你？”管家看着这个小帮工惊讶地说。

“我叫安东尼奥·卡诺瓦，是雕塑家皮萨诺的孙子。”这个孩子自信地回答。

“你真的能做吗？”管家半信半疑地问道。

“我可以试试，反正现在没有更好的办法，我可以造一件东西摆在餐桌中央，这样就可以解决这个问题了。”孩子依旧镇静地回答。

这时，宴会快要开始了，已经没有补救的办法了。于是，管家只好答应让安东尼奥去试试。只见这个厨房的小帮工不慌不忙地端来了一些奶油。不一会儿工夫，不起眼的奶油在他的手中变成了一只蹲着的狮子。管家喜出望外，惊讶地张大了嘴巴，连忙派人把这个奶油塑成的狮子摆到了桌子上。

客人们陆续来到餐厅，无不对餐桌上卧着的奶油狮子交口称赞。他们在狮子面前不忍离去，甚至忘了自己来此的真正目的。结果，整个宴会便成了对奶油狮子的鉴赏会。客人们情不自禁地细细欣赏着狮子，不断地问西格诺·法列曼，究竟是哪一位伟大的雕塑家竟然肯将自己天才的艺术浪费在这样一种很快就会融化的东西上。法列曼也愣住了，他当即召管家过来问话，于是管家就把小安东尼奥带到了客人们的面前。

当得知这个精美绝伦的奶油狮子竟然是这个小孩在仓促间完成的后，人们不禁大为吃惊。富有的主人当即宣布，将由他出资给小孩请最好的老师，让他的雕塑天赋充分地发挥出来。

这是英国纪实小说家乔治·埃格尔斯顿曾讲述的一个真实的故事，也许很多人并不知道小安东尼奥是如何创造机会展示自己的才华的，然而，却没有人不知道著名雕塑家卡诺瓦的大名，没有人不知道他是世界近代史上最伟大的雕塑家之一。

独辟蹊径，创造机遇。任何事情都不是一成不变的，用变化的眼光去把握一切。盲目跟随将永远落后于人，永远呼吸不到新鲜的空气。对成大事者而言，应当具备推翻循规蹈矩的性格，这样才能绝处逢生。如果把简单的事情想复杂了，那是自讨苦吃，而把复杂的事情想简单了，往往是独辟蹊径的开始。

一个月末的早晨，约翰悠闲地躺在摇椅上享受他难得的假期。他的妻子出去买东西了，而他的小儿子又在吵闹不休，让约翰陪他一起玩耍。最后，约翰拾起一本旧杂志，随意地翻着，翻到一幅色彩鲜艳的世界地图。他从那本杂志将这一页撕下来，再把它撕成碎片，丢在地上，对儿子说："小约翰，如果你能把这些碎块重新拼好，我就陪你玩！"

约翰以为这件事会使小约翰花费很多时间，这样他就可以在安静中度过整个上午了。没想到，不到10分钟，他儿子就来找他兑现其承诺了，约翰惊愕地看着小约翰拼好的那幅世界地图。

"儿子，这件事你怎么做得这么快？"约翰问道。"这很容易，在图画的背面是一个人的照片，我把这个人的照片拼好，然后把它翻过来就行了。"小约翰回答道。

如果要把这些碎片重新拼成世界地图，确实需要大半天的时间。可是小约翰却另辟蹊径，从而省力省时。这不能算是什么发明，但这种另辟蹊径的思路却是最大的财富。

独辟蹊径，往往意味着改变传统的思路，当人们感到迷茫或犹豫不决的时候，是否会这样想：这一事物的正面是这样，假如反过来又将怎

么样呢？正面攻不上，可否侧面攻、反面攻？

汽车专家在研究汽车的安全系统要解决的问题是，在汽车发生冲撞时，如何防止乘客在汽车内移动而撞伤。然而，这种实验的所有结果都是失败的。在汽车发生冲撞时，如果人被束缚着不动，这种伤害常常是致命的。在种种尝试均告失败后，他们想到了一个有创意的解决方法，就是不再去想如何使乘客绑在车上不动，而是去考虑如何设计车子的内部，使人在车祸发生时，最大限度地减少伤害。结果，他们不仅成功地解决了问题，而且开创了汽车设计的新时尚，汽车安全气囊的发明为人们的安全保驾护航，大大降低了车毁人亡悲剧的发生。

当上帝关上一扇门的时候，也就正是人们寻找新出路的时候。但现实生活中的种种羁绊致使人们害怕“不走寻常路”所带来的恶果。之所以缺少另辟蹊径的意识，常常是因为人们从习惯思维出发，以致顾虑重重，畏首畏尾。只有充分发挥主观能动性，用心趋向目标，不墨守成规，才能在竞争日益激烈的现代社会中站稳脚跟。

以仁爱之心对待机遇

一个人生活在这个世界上，无论你从事什么工作，光有努力是不够的，还需要有一颗仁爱的心。因为只有具备一颗仁爱之心，才会对别人多一分关爱，多一分理解，人与人之间也才会多一些温暖，多一些和谐。

仁爱，就是心存感激，就是要布施行善，多给予，不掠取，使自己心灵富足。人的一生，为他人付出得越多，他的心就越富足，他就越过得胸怀坦荡，泰然自若。一个人给予得越少，他的心灵就越干枯，他就越过得心神不宁，惴惴不安。心灵富足的人必会爱人，因为爱就是给予，爱就是富足，爱就是宽广，爱就是一切。得到别人帮助时心存感激，就会让你在别人遇到困难时伸出援助之手；与人发生矛盾时心存感激，就会让你想起往日他对你的关心帮助，化解心灵的隔阂，让友谊长存。当心怀仁爱之心去对待机遇，机遇同样也会给你不一样的惊喜。

有位孤独的老人，无儿无女又体弱多病，他决定搬到养老院，去安享自己的晚年生活，于是，就宣布出售他漂亮的住宅。这是地理位置极佳的住宅，购买者闻讯蜂拥而至。住宅的底价是8万英镑，但人们很快就把它炒到10万英镑，而且价钱还在不断攀升。老人在这所住宅住了大半生，留下了太多美好的回忆，如果不是他身体健康状况下降，无论如何他都不会卖掉房子的。连日来，购买者没有一个如他所愿。老人深陷在沙发里，满目忧郁，他希望能找到个出价合理并且会真心爱护这座房子的新主人。

后来，一个衣着朴素的青年来到老人面前，弯下腰低声说："先生，我也想买这栋住宅，可我只有1万英镑。"

"但是，它的底价就是8万英镑。"老人淡淡地说。

"如果您把房子卖给我，我保证会让您依旧生活在这里，和我一起喝茶、读报、散步，相信我，我会尽心尽力地照顾您！"

老人站起来，挥手示意人们安静下来。"朋友们，这栋住宅的新主人已经出现了，就是这个小伙子！"

完成梦想不是靠冷酷的断杀和欺诈。其实，真正让一个人成为大赢家的，往往是那颗仁爱之心。

仁爱，就是与人为善。与人为善，包括两个层面：善心和善行。善心是善行的内在动力，善行是善心的外在表观。善心就是高尚的灵魂，

仁厚的品德。心灵美，行为必美。如果你如此善解人意，上天又怎么会不给你机遇呢？

善良，不仅仅是一种品质和美德，它还包含了一个人对人生真谛的洞悉和把握，反映了一个人对待世界、对待他人的方式。在善意地对待别人时，就会发现多数人也会善意地对待我们。在他人遇到困难和挫折时，伸出你的援助之手，就会为自己的生存和发展营造和谐的人际关系，开掘出无限的潜力，拓展广阔的空间，为自己赢得好机遇。

一天夜里，已经很晚了，一对劳累一天的年老夫妻想要找个旅馆好好休息一下，可走了许多家旅馆都客满了，于是到一家并不起眼的小旅馆来碰碰运气。前台侍者回答说："对不起，我们旅馆已经客满了，一间空房也没有剩下。"看着这对老人疲惫的神情，侍者又不忍将他们拒之门外，说："但是，我可以想想办法。"

好心的侍者将这对老人引领到一个房间，说："也许它不是最好的，但现在我只能做到这样了，你们就委屈一晚吧。"老人见眼前其实是一间既整洁又干净的屋子，就愉快地住了下来。第二天，他们来到前台结账，侍者却对他们说："不用了，因为我只不过是把自己的屋子借给你们住了一晚。祝你们旅途愉快！"原来，侍者为了两位老人，他就在前台值了一个通宵的夜班。两位老人深受感动。临走前，老头儿说："年轻人，你是我见到过的最好的旅店经营人，你会得到回报的。"侍者笑了笑，说："这算不了什么。"他送老人出了门，转身接着忙自己的事，随后便把这件事情忘了个一干二净。没过多久，侍者接到了一封信，里面有一张去纽约的单程机票并有简短附言，内容是聘请他去做另一份工作。他乘飞机来到纽约，按信中所标明的路线找到那个地址，抬头一看，一座金碧辉煌的大酒店耸立在他的面前。原来，那个深夜，他接待的是一个有着亿万资产的富翁和他的妻子。富翁买下了一座大酒店，并深信他会经营好这个大酒店。这个酒店就是著名的希尔顿大酒店。

一个普普通通的侍者通过一次不经意的善举，缔造了一个传奇的故事。也许，有人在读到这个故事的时候会嗤之以鼻，认为这根本不切实际，现实有的只是残酷，没有那么多传奇。但是，总有故事来向人们展示，世界就是如此之小，每天与你擦肩而过的人当中，总会隐藏着各个行业的佼佼者。只要你将做好人、行善事作为你生命中的一部分，你就可以成就一段新的传奇。无论今后遇到怎样的困难、怎样的逆境、怎样的迷惘，都要相信这句至理名言：不论何时何地，只要有一颗善良的心灵，就能像磁铁一样，吸引到有用的资源、美好的事物以及幸福的生活。同时，喜欢助人为乐的人多半是心理状态良好的人。他们没想到的是，他们在送温暖给他人的同时，也被别人温暖着。

在犯错中创造机遇

在漫长的人生道路上，每个人都会犯许多错误，并在错误中不断地吸取生存的智慧。生活是最严厉的老师，与学校书本教育的方式完全不同。生活的教育方式是人得先犯错，然后从中吸取教训。大多数人能够做到不犯同样的错误，但却认识不到错误可以弥补，错误中也存在着转机，一样可以化腐朽为神奇。

1876年，一位二十来岁的年轻人带着梦想只身来到芝加哥打拼。可他没有文凭和特长，根本没法找到一份像样的工作。为了生存，他只好帮商店卖起了肥皂。不久，他发现发酵粉利

润高，于是立即投入所有的积蓄购进了一批发酵粉，希望发酵粉可以收获他人生的第一桶金。很快他发现自己犯了一个错误，当地卖发酵粉的商家众多，自己根本不是他们的对手。如果手中的发酵粉不及时处理掉，将会血本无归，年轻人决定将错就错，将身边仅有的两大箱口香糖贡献出来，并贴出广告：凡来本店惠顾的顾客，每买一包发酵粉，都可以赠两包口香糖。很快，他手中的发酵粉销售一空。

在随后的经营中，年轻人发现口香糖日益流行起来，虽然这是个薄利行业，但因为数目庞大，发展前景很乐观。于是，他再一次拿出全部家当投入到口香糖上。

在营销过程中，他不断地积累知识与人脉，很快自己办起了口香糖厂。1883年，他的“箭牌”口香糖正式推向市场。面对激烈的市场竞争，人们对这款新口香糖并不感兴趣，致使企业刚起步就陷入了困境。这时候他又兵行险招，搜集全美各地的电话簿，然后按照上面的地址给每人寄去四块口香糖和一份意见表。

这些口香糖和铺天盖地的信几乎让年轻人倾家荡产，同时，几乎在一夜之间，“箭牌”口香糖迅速风靡全国。到1920年，“箭牌”成为当时世界上最大的单一营销产品的公司，已达到年销售量90亿块，这位惯于“错中求胜”的年轻人就是“箭牌”口香糖的创始人威廉·瑞格理。“箭牌”口香糖在接下来的大半个世纪还干过几件忙中出错的事情。20世纪60年代，公司投资1000多万美元推出了抗酸口香糖。但由于糖里添加了有争议的药物成分，新产品没上市便被查禁。为了扩大企业规模，追求利益最大化，他们更是投入巨资，大胆收购一些竞争对手，让企业几度陷入资金短缺与管理失控的危机之中。不断犯错的“箭牌”发展至今，已是全球糖果业界的领导者之一和世界上首屈一指的口香糖生产商及销售商，全世界拥有19家工厂，行销180多个国家，全球销售额超过40亿美元。

“箭牌”能有如今这样大的成就，究其原因，就是“大胆犯错”，并能够做到错中求胜。要知道，机遇只有在犯错的过程中才能发现，只有经历错误的尝试，才能清晰地找准成功的方位。犯错并不可怕，可怕的是用错误的态度去对待错误。其实，失误和错误也是一种特殊的教育、一种宝贵的经验。换个想法去对待它，可能是另一个美满的结果。当生活的镜子不慎掉落，千万不要自怨自艾，一蹶不振，把碎片随手抛撒一地，而应该小心地捡起那些碎片，用信心和希望打造出辉煌的人生。

2002年，日本一家生命科学研究所的小职员荣获了当年的诺贝尔化学奖。他叫田中，一个既不是科学界泰斗，也非学术界精英的小人物。获奖前，他曾因面试未通过而被索尼公司拒之门外，后经老师的大力推荐才有机会走进现在这家公司，甚至这家公司的许多人都不知道有田中这个人。获奖后的田中成为媒体聚焦的对象，当记者问他成功的秘诀时，田中笑着说：“说来惭愧，一次失误，让我创造了这个让世界震惊的发明。”原来，田中的工作是利用各种材料检测蛋白质的质量，可以说是没有什么技术含量的工作。有一次，他不小心把丙三醇倒入钴中，于是将错就错进行观察，意外地发现了可以异常吸收激光的物质。正是这次失误，为其以后震惊世界的发明“生物大分子的质谱分析法”打下了成功的基础。

并非所有的错误都会留下遗憾，有时候将错就错也能别开生面，获得成功。其实，在失败和逆境面前，没有越不过的鸿沟，只有挺不住的人。每克服一次困难，就会有一次收成，增强一次自立性，有时甚至会

有意想不到的成功等着你。

在自我推销中创造机遇

人人都是自己的推销员，不管从事何种工作，无论愿望是什么，若要达到你的目的，就必须具备向社会进行自我推销的能力。能否成功，取决于你如何进行自我推销以及你能力的大小。

“千里马常有，而伯乐不常有。”即使没有伯乐也不用怕，每个人都可以做自己的伯乐。在传统的思维模式下，人们认为有伯乐，然后才有千里马。但是如果没有了伯乐，千里马也可以做自己的伯乐：推销自己。若已经万事俱备，只欠机遇，只要做自己的伯乐，尽情展示自己的亮点，就会成功。也许有人会说：“自我推销也得具备能力呀！”这个想法也正是大家十分关心的问题，同时也是缺乏自信心的表现。其实，当自我推销的时候，也未见得就必须具备充足的能力，只要认为自己有这方面的潜力，有勇气，就可以在自己梦想的舞台上很好地展示自己。

一个人的能力不是天生的，要不断地在实践中摸索、锻炼，能力才能得以很好的提高与发挥。如果不给自己一个锻炼的机会，即使有能力，也不会有施展的舞台，只能被埋没在汹涌的人流之中。

在生活中，也有很多人抱怨自己明明具有千里马的能力和才干，却偏偏遇不到伯乐。他们遇不到伯乐，没有发挥自己的机会，就认为自己是一个不幸的人，觉得这个世界不公平。其实，这种想法大错特错，具备这种想法的人，都是那些消极的人。一个积极的人绝不会感叹命运的不佳，他们会主动出击，为自己创造机会。只要你做一个有心人，就一定能找到施展才华的机会。如果有能力、有才华却不施展出来，就等于是浪费。一个人的生命是有限的，如果在有生之年不发掘出来，会抱憾终生。

假设交给你一个任务，在一家超市推销一件衣服，时间是一天，你认为自己有能力做到吗？你可能会说：“小菜一碟。”那么，再给你一个新任务，推销汽车，一天一辆，你做得到吗？你也许会说：“尽力而为。”如果是连续多年都是每天卖出一辆汽车呢？您肯定会说：“不可能，没人做得到。”可是，世界上就有人做得到，这个人在12年的汽车推销生涯中总共卖出了13001辆汽车，平均每天销售3辆，而且全部是一对一销售给个人的。他因此创造了吉尼斯汽车销售的世界纪录，同时获得了“世界上最伟大推销员”的称号，这个人就是乔·吉拉德。

乔·吉拉德出生在美国一个贫民窟，这让他的童年在贫苦中度过。从懂事起，他就开始擦皮鞋、做报童贴补家用，干过洗碗工、送货员、电炉装配工和住宅建筑承包商等。35岁以前，他还是个彻底的失败者，患有严重的口吃，换过40个工作仍然一事无成，再往后，他开始步入推销生涯。

令人惊叹的是，这样一个被人们所忽视的小角色，而且背了一身债务几乎走投无路的人，竟然能够在短短的三年内被吉尼斯世界纪录称为“世界上最伟大的推销员”。他一直被欧美商界称为“能向任何人推销任何产品”的传奇人物。

他有一个习惯，只要碰到一个人，不管是在街上还是别的场所，就马上会把名片递过去，并告诉对方他是汽车推销员乔·吉拉德。他认为生意的机会遍布每一个细节，要想成功就要疯狂地进行自我推销。他还认为，推销要点不是推销产品，而是推销自己。他说：“如果你给别人名片的时候，想这是很愚蠢很尴尬的事，那怎么能给出去呢？又怎么能获得成功呢？”

乔·吉拉德到处发名片，到处留下他的味道、他的痕迹，使他不由自主地在你的生活中出现。去餐厅吃饭，他给的小费

每次都比别人多一点点，同时主动放上两张名片。因为小费比别人的多，所以大家肯定要看看这个人是做什么的，分享他成功的喜悦。

人们在谈论他，想认识他，根据名片来买他的东西。长年累月，他的成就正是来源于此。

世界上最伟大推销员的经验告诉我们，从今天起，大家不要再躲避了，应该让别人知道你，知道你所做的事情。自我推销并不仅仅只是推销员的必修课，无论一个人在社会上扮演怎样的角色，无时无刻都需要推销自己。像第一次见面的陌生人，需要自我推销来熟识而成为朋友；换了新工作，需要自我推销来加快融入团队；面对领导，需要自我推销来证明自己的价值。如果性格内向、沉默寡言，那么现在开始就要改变自己，为了获得改变你人生的机遇，你必须拿出你的勇气，向所有人推销自己。

渴望成功吗？那么就去勇敢地推销自己吧！毕竟遭受冷遇的尴尬与难以启齿的羞涩跟成功比起来太渺小了。在坚韧中创造机遇，每个人都可能对生活有过怀疑，会感叹为什么不如意的总是自己，才华得不到施展。有些人在经受一点点挫折后，就自暴自弃，放弃了追求理想的脚步，在日复一日中挥霍了自己大好的青春。世界上没有人能够随随便便成功，每个成功者的背后都有其辛酸的故事。成功者未必就有多么的传奇，他们也只不过是普普通通的人，成功只是因为他们对有意义的事从不放弃，在坚韧中获得了改变人生的机遇。

列昂纳多·达·芬奇，意大利文艺复兴三杰之一，也是整个欧洲文艺复兴时期最完美的代表。他是一位思想深邃、学识渊博、多才多艺的画家、寓言家、雕塑家、发明家、哲学家、音乐家、医学家、生物学家、地理学家、建筑工程师和军事工程师，其名作《最后的晚餐》是怎样画出来的，也许就很少有人知道了。

其实，达·芬奇前半生一直命运多舛，怀才不遇。30岁时，达·芬奇投奔到米兰的一位公爵的门下，过着寄人篱下的生活，希望能够获得一些机会。然而，他去了几年仍旧默默无闻，根本没有可以发挥其才华的机会，他的画在公爵的眼中还不如一桌子的美食。只是，他自己并没有丧失信心，一直在自己简陋的画室不停地画着。

一天，公爵让他去给圣玛丽亚修道院的一个饭厅画一幅装饰画。这是一件没有一点技术含量的活计，一个普通的三流画家都能够完成，而且也没有必要在一个饭厅的墙壁上浪费太多的工夫。然而，达·芬奇却是把画看作是自己的生命，他从来没有敷衍了事地画过一幅画，即使是练习，也倾尽了自己所有的才华。于是达·芬奇开始日夜站在脚手架上，在墙壁上作画，世界上不朽的名画《最后的晚餐》诞生了，平日“门前冷落车马稀”的圣玛丽亚修道院也由此声名鹊起，没有什么名气的达·芬奇更是因此名垂青史，让壁画史上多了一幅传奇之作。

对于个人而言，有意义的事莫过于自身能力得以施展，实现自我价值，个人生活质量不断提高，每天开开心心地活着。因而，个人的第一要务是不断地学习，充电再充电，获取改善生活质量的能力。一切可能导致自身价值无法实现的个人弱点都要努力突破，改善良方循序渐进。什么才是有意义的事？看似能说清楚，实则矛盾。多元论盛行的今天，顺其自然地思考着、行动着，或许更有意义。只要你认准那是有意义的事，那么你就不要轻言放弃，这样机遇才会垂青于你。

第五节　捕捉时机，成就梦想

纵观历史，就会发现一些伟人其实很质朴，或有着这样那样的缺陷，并不完美，但在他们的身上，都有一种很强烈的个性。而这种个性，就是其成就伟业的最根本的东西。他们在终其一生的奋斗中不断完善，不断补充，能够瞅准突破口，抓住转瞬即逝的宝贵机会，然后奋不顾身，马上行动，这是成功捕捉机遇的不二法门。

在冒险中捕捉机遇

在风险面前胆怯的人，不敢去做前人未曾做过的事，不敢去攀登前人未曾攀登过的高峰，当然也不会体验到冒险的刺激与成功的喜悦，结果只能是永远不会有所作为，甚至被时代所抛弃。

每个人的机遇都一样多，但如带刺的玫瑰花一样，机遇总是伴随着风险而来。一个成功的创业者其性格中不可缺少谨慎的成分，但也需要有冒险精神。谁都想赚大钱，但想安安稳稳地赚大钱而又不冒一点儿风险，那是天方夜谭。这是因为，在获得成功的机遇时，也要为成功付出代价。

冒险是好？是坏？可以有两种答案：不冒险则无大成；冒险则可获大机遇。因此有“手腕”的人，他们往往都敢去冒险。

中国古代传说有个叫夸父的人，他想追逐太阳，却渴死在追逐的路

上。外国有个叫富兰克林的人，他要抓住雷电，最终他成功了。夸父的勇气令我们敬佩，但那毕竟是神话。富兰克林对科学勇于冒险的态度却真实地记录在了人类的历史上。

1752 年 7 月的一天，在美国波士顿，阴云密布，眼看一场雷阵雨就要降临。就在这个时候，富兰克林在野外放风筝（他可不是在休闲娱乐）。他的风筝很特别，是用杉树枝做骨架，用薄丝手帕当纸，扎成菱形的样子，并在风筝的顶端安了一根尖尖的铁针，还在放风筝用的麻绳的末端拴着一把铁钥匙。当风筝飞上高空不久，暴风雨如期而至，富兰克林很快被雨淋得全身湿透。当头顶上划过一道闪电后，他感到自己的手麻酥酥的。他意识到这是天空的电流通过湿麻绳和铁钥匙传到他的手上，他终于获得了触电的感觉。他高兴地大叫："电，捕捉到了！电，捕捉到了！"他马上把钥匙和莱顿瓶（一个玻璃瓶，瓶里瓶外分别贴有锡箔，瓶里的锡箔通过金属链跟金属棒连接，棒的上端是一个金属球，可以用来储存电）连接起来，结果莱顿瓶蓄存了大量的电，这种电同样可以点燃酒精，可以做"摩擦起电"带来的电所做的一切实验。

富兰克林用勇敢的行动，缜密而冒险的行动，揭穿了有关雷电的神秘面纱，为电学的发展贡献了力量。

富兰克林为科学而冒险的行为令人敬佩。科学创造离不开勤奋，有时也要险中求胜。同样"富贵险中求"，与风险不沾边的人，想成就一番大事业是不可能的。不善于冒险的人也与成功没有机缘。风险与机遇并存，如果一件事没有风险，那么自然很多人都去做了，所以这件事的价值也就微乎其微。美国人推崇"冒险"精神，认为做事情不可能有百分之百的把握，主张在稳重决策的同时，还必须有一点儿"冒险"精神。

无疑，冒险能激发创新、拼搏精神，收获丰厚的人生。

美国金融巨头约翰·皮尔庞特·摩根是“华尔街的拿破仑”，他曾两度使美国经济起死回生。摩根是如何赚取自己的第一桶金的？

1857 年，20 岁的摩根从德国哥廷根大学毕业，进入邓肯商行工作，负责会计和记账。那时候，年轻的摩根身材魁梧、神采奕奕，虽然年纪不大，却留给人们一种老谋深算、值得信赖的印象。有一次，摩根被派往古巴的哈瓦那采购海鲜货物。回来的时候，货船在新奥尔良码头做短暂的停泊休整。就是这一短暂的休憩，摩根却不是在船舱内打发无聊的时间，他步出码头，一面放松身心，一面了解异国风情，寻找可能利用的商业机会。就在摩根闲庭信步在码头闲逛的时候，一位素昧平生的白种人从后边猛然拍了一下摩根的肩膀，神秘地说道：“尊贵的先生，一看您就是精明的生意人，请问您想买一些咖啡吗？我有一船的上等咖啡，如果你全部收下，我可以半价卖给你。”摩根对这突然降临的好事有些摸不着头脑。

这个人继续解释道：“我是一艘巴西货船的船长，刚为一位美国商人运来了一船的咖啡。可是，当咖啡运到码头的时候，那位收货的美国商人却意外地破产了，根本无法支付货款接收咖啡，所以我只好半价出售来降低损失。但我有一个条件，就是必须现金交易。”摩根听完他的话，立刻变心动为行动，仔细察看了白人船长拿出来的样品，觉得咖啡的成色还不错，估计市场潜力很大，于是当即果断地决定全部买下。

实际上，摩根做出这样的决定是要冒极大商业风险的。首先，此时的摩根初出茅庐，还没有商业实践经验。其次，此时的摩根只是凭感觉做决定，还没有对市场深层次的了解，万一这一船咖啡卖不出去，砸在手里，后果将不堪设想！此时摩根热情高涨，迅速地给纽约的邓肯商行发去电报，把这笔生意的情况告诉他们。喜形于色的摩根等来的却是当头棒喝，邓肯商行对摩根的举措严加指责：第一，绝对不许擅用公司名义做未经审批的事情；第二，务必立即撤销所有交易。热血沸腾的摩根顿时凉透了心。他相信自己的直觉判断没错，他认定这是一笔极为有利可图的大宗买卖。但是，失去商行支持的摩根不得不硬着头皮向远在伦敦的父亲求援。在父亲的支持下，摩根把船上的全部咖啡买了下来，耐心等待抛出的机会。没过多久，摩根就等来了很好的抛售机会。巴西的咖啡产量因为受到寒潮侵袭而骤减，市场上居然出现了断货的情形。俗话说："物以稀为贵。"此时咖啡的价格一下子暴涨了几倍！这样敢于冒险的摩根终于获得了人生的第一桶金。

当然，每个人都希望收获人生中的第一桶金。但要明确哪些风险该冒，哪些风险不该冒，如果仅仅是了解事实还是远远不够的，还必须了解自己，要对所冒险的事情进行观察和风险评估。一旦定位自己在人生奋斗中所处的确切位置以及那个冒险对一个人所产生的影响，那么剩下所要做的就是放手去做。

在聆听他言中捕捉机遇

外国有句谚语："用10秒钟的时间讲，用10分钟的时间听。"有关社会学家经多年研究表明，在人们的日常语言交流活动中，听的时间占45%，说的时间占30%，读的时间占16%，写的时间占9%，这说明聆听在人们的交往中居于最重要的地位。然而，聆听不仅仅是礼仪

上的需要，同时它也是我们把握机遇创造成功的助推器。

19世纪末，美国加州出现了淘金的热潮，一个20多岁的犹太人闻风而至。面对如此多的淘金者，他对淘金梦失去了信心，但他灵机一动，转而开了一间专门经销淘金者日用的杂货店来赚淘金人的钱。由于小店物品齐全，价格合理，生意特别好。一天，一位顾客对他说："我们淘金的每天不停地挖，裤子特别容易坏，如果有一种结实而耐磨的裤子，一定受欢迎。"

说者无心，听者有意，这位年轻人抓住了顾客的需求，开始了他的牛仔裤生涯。起初，他用做帐篷的帆布加工成帆布短裤出售，采购者蜂拥而至。但这仅仅只是个开始，在之后的日子里，他细心观察矿工的生活和工作的特点，不断改进和提高产品的质量，使产品日益受到淘金者的欢迎，销路日广。

随着时间的推移，牛仔裤在下层百姓中开始流行开来，并深受青年人的欢迎。于是，他决定采取"农村包围城市"的战略，准备向城市发起进攻。但是却受到了所谓"上流人"的坚决抵抗，他们认为牛仔裤出身"低微"，不能上大雅之堂。为此，他利用各种媒体大力宣传牛仔裤的美观、舒适，甚至把它说成是一种"牛仔文化"。经过一番舆论的宣传后，牛仔裤牢牢地站稳了脚跟，并在美国市场上纵横驰骋，继而风靡全球。这个年轻人就是日后闻名遐迩的牛仔裤之父—李威·施特劳斯。

李威·施特劳斯用敏锐的眼光和善于聆听的耳朵抓住了淘金热的机遇，让牛仔裤从劳动裤变成了流行时尚。从这个故事中可以看出，每个成功者背后都会隐藏着某种促使其成功的能力。哪怕这种能力微不足道，可一旦发生"化学反应"，其爆发出来的能量也将是不可估计的。"说者无心，听者有意"就是其中之一。

有人说，上帝在创造人类时，让每人都有两只眼睛，两只耳朵，一张嘴巴，就是希望大家多看，多听，少说。多看，就是多掌握文字的信息，多听就是多了解有声的信息；少说，就是多干实事。这就要求当你身为说者时，就要先考虑其内容对听者的感受；当你身为听者时，就要注意捕捉其中隐藏的契机。

在失误中捕捉机遇

从失误中发现机会，就如同人在沙漠中发现了水源，除了能解渴之外，还能拯救自己的生命，改变自己的命运。

在古埃及时，有位法老宴请宾客，这当然是厨师们大显身手的好机会。然而就在这样非常重要的场合，一位厨师竟然不慎将一盆油撒在了炭灰里。他一边深深地自责，一边将沾满油脂的炭灰捧出去。

当他洗手时，意想不到的情况出现了，平时最令他头疼的油污，这一次竟然清洗得又快又干净。聪明的厨师没有让这个机会溜走，他马上叫来其他厨师也用这种炭灰洗手，结果自然是洗得又快又干净。

人类历史上最早的肥皂竟在“失误”中诞生了。

酒吧里有一个叫乔治的年轻小伙子，他的工作就是把供酒商送来的酒按品种倒入相应的大缸里，再卖给客人。

他做得很认真很小心，因为这个工作是他和他卧病在床的母亲唯一的经济来源。但是不幸还是发生了。有一次，他实在太疲惫了，迷迷糊糊中竟把酒倒错了缸子，两种酒混在了一起。他醒过来后脸色一片煞白。他非常清楚这种名贵酒的价格，他

也清楚现在等待他的只有被炒鱿鱼和罚款。

正好，接班的人这时候来了，而且更巧的是，正好有一个顾客来买酒。因此，那位不知情的伙计就把弄混了的酒舀了一杯给那位顾客。奇迹就这样出现了：顾客喝了这种弄混了的酒后竟然赞不绝口。“为什么不能把不同的酒混在一起，调成另一种别有风味的酒呢？”乔治突然灵光一闪。随后他不断地试验和调制，一种口感独特、颜色瑰丽的鸡尾酒终于面世了。它一出现，就成为顾客们的新宠，乔治也因此成为令人羡慕的富翁。

有时候，成功会以一种你意想不到的方式出现在人们的身边，就看人们能不能在第一时间发现并捕捉住。

在绝境里捕捉机遇

机遇的存在不分地域，不嫌贫富，像阳光一样关照地球上的每个人，无论你是贫穷还是富有，是身份显赫还是渺小卑微，它总在该出现的时候出现。机遇又像害羞的邻家女孩，不会主动和你搭讪，需要你睁开慧眼，撩起它的面纱，它才会以真面目示人。

智利北部有一个叫丘恩贡果的小村子，这里面临太平洋，北靠阿塔卡马沙漠。特殊的地理环境，使太平洋冷湿气流与沙漠上的高温气流终年交融，形成了多雾的气候。可浓雾丝毫无益于这片干涸的土地，因为白天强烈的日晒会使浓雾很快蒸发殆尽。

一直以来，在这片干旱统治的土地上，看不到绿色，没有一点生机。

加拿大一位叫罗伯特的物理学家在进行环球考察时，经过这片荒凉之地。他住进村子，不久便发现一种奇怪的现象：这里除了村子里的人，他没有发现多少生命迹象，只有蜘蛛四处繁衍，生活得很好。为什么只有蜘蛛能在如此干旱的环境里生存下来呢？这引起了罗伯特极大的兴趣，他把目光锁定在蜘蛛网上。借助电子显微镜，他发现这些蜘蛛网具有很强的亲水性，极易吸收雾气中的水分，而这些水分正是蜘蛛能在这里生生不息的源泉。

人类为什么不能像蜘蛛网那样截雾取水呢？在智利政府的支持下，罗伯特研制出一种人造纤维网，选择雾气很浓的地段排成图阵。这样，穿引期间的雾气被反复拦截，形成大量水滴，这些水滴滴到网下的流槽里，就成了新的水源。

如今，罗伯特的人造蜘蛛网平均每天可截水 10580 升，这不仅满足了当地居民的生活用水，而且可以灌溉土地，让这片昔日满目荒凉、杂土飞扬的荒漠长出了美丽的鲜花和新鲜的蔬菜。

在这个世界上，从来就没有真正的绝境，有的只是绝望的思维。只要心灵不曾干涸，再荒凉的土地也会变成生机勃勃的“绿洲”。

第6章

激情超越梦想

对生活要充满激情，一句话、一个表情、一个态度都可以给人激动人心的力量。每当有反对的声音出现时，成功的人总是很有激情地与之对抗。对此，他们的态度是："激情的创意或者想要纠正的错误都会是意志力的源泉，有了它们，就会有毅力和动力。如果说一个人的成功有很多的因素，那么，富有激情的工作与生活绝对是其中很重要的一个。"

第一节 不要委屈自己的梦想

苹果公司创始人乔布斯说："每个人的时间都是有限的，不要把它浪费在复制别人的生活中。做人不能被条条框框所束缚，否则你的人生只是活在别人思考的结果里；在这个创新的时代，千万不要让他人的想法所发出的噪音淹没你内心的独白；尤为重要的是，我们要有遵从你的内心和直觉的魄力，它们可能已经知道你潜意识里最想成为一个什么样的人，其他事物都是次要的。"

倾听内心的声音

倾听内心深处的声音，活出真正的自己。大多数人经常会忽略自己内心的声音，或者自己发出的声音太过微弱，被他人更强大的声音湮没。父母的诸多愿望、社会的种种压力都成为人们"随波逐流"的理由。而明明生命短暂，为什么不能活出鲜明的自己呢？

2005年，乔布斯在斯坦福大学的演讲中这样说道："'记住你即将死去'是我一生中遇到的最重要的箴言，它是我在面临人生中重大抉择时最为重要的工具。因为所有的事情—外界的期望、尊荣、对尴尬和失败的惧怕—在面对死亡的时候，都将烟消云散，只留下最重要的东西。当即将死去，所有的一切

都不再重要，没有理由不听从内心真正呼喊的声音。”

惠普前CEO卡莉·费奥瑞娜在最开始的时候从来没有想过她自己会进入商界。在上大学的时候，她选择的是斯坦福，修读中世纪历史和哲学，同时，她对各种学科都有着浓厚的兴趣。后来，因为父亲的关系，她在专业选择时选择了和父亲相同的法学，这也是让她的父母满意的方向。但是，在法学院的学习并不尽如人意，她不赞同那里的教学风格，所以学习和生活变得很痛苦。偶然一次，她萌生了放弃法学的想法，这一想法让她感到如获新生。她的父母得知这一消息后很生气。即使他们极力地反对，卡莉依然坚持己见，遵循了她内心的意愿，选择为自己而活。后来，她开始了第一份工作，逐渐地喜欢上了商学，成为著名的女CEO。

卡莉没有委屈自己的梦想。在她想做的时候，她就做了，干脆果断。倾听自己内心的声音，不要将它冷落到角落里。时间有限，去做自己想做的事情吧。

相信直觉和心灵的指示

相信直觉和心灵的指示，它们在某种程度上知道人们想要成为什么样子，想要的究竟是什么。

苹果公司的前总裁乔布斯认为直觉是直观和经验智慧的力量。这种力量比美国人一直以来依靠的思维更加强大。所以，他从始至终都是相信自己的直觉的。

乔布斯在IT界一直都是创新的典范，他对艺术和技术相交融的东西一直都十分的感兴趣，当他从卢卡斯公司回来之后，对其公司的电脑部门十分震惊。很快，他便说服苹果公司前总裁约翰·斯卡利将它买回来。但是，当时的情况并不乐观，苹果高层对此没兴趣，而是对将他赶出去更有兴致。但是，最后，乔布斯还是做了皮克斯的主投资人，并担任董事长。

不知道如果乔布斯事先知道后来的皮克斯是个需要投入巨大资金的无底洞，他会不会改变初衷。我想，应该是不会的。因为乔布斯一开始收购它的目的也是因为喜欢，他喜欢将技术融入艺术创作中。故而，他听从了心灵的指示。他的直觉告诉他：将艺术和电子技术相结合会成为动画电影的革命性改变。事实证明，他的直觉还是正确的，皮克斯在后来制作的动画电影都获得了巨大的成功。

乔布斯总是相信自己的直觉，在决定设计的时候，也常常依靠直觉来评判哪些是好的，而哪些是需要放弃的。

直觉是直观和经验的智慧。有些直觉是天生的，但是，有些是可以通过后天来提高的。如果想要增强直觉，就要利用经验。平时，要积极地运用洞察力来丰富经验，并归纳总结，见识得越多，你的直觉就会越准。

不要在无谓的事情上浪费时间

时间有限，不要将它浪费在没有意义的事情上。谁都不会知道，将来会发生什么。就算再伟大的人，也抵挡不住自然的规律。

2004年6月，乔布斯被查出患有胰腺癌，医生告诉他这种癌症治愈的可能性很小，他很可能至多还能活3到6个月。乔

布斯说："这意味着你得把你今后10年要对你子女说的话用几个月的时间说完；这意味着你得把一切都安排妥当。尽可能减少你的家人在你去世后的负担；这意味着向众人告别的时间到了。"

就如乔布斯所说："在最后，成为最富有的人对我而言没有什么意义，我最看重的是，在我每一天睡觉之前，我都可以对自己说'我做了很棒的事情'。"要让每一天都过得有意义而精彩。既然如此，就要即刻行动。

即刻行动

既然有想法，就要实现它。拖延往往会产生疑虑和自我怀疑，怀疑自身的能力，好不容易积攒起来的信心和勇气就像被放了气的气球一般缩小回去了。

埃克森·美孚石油曾是全球利润最高的公司，这家公司的前董事会主席兼首席执行官李·雷蒙德是继洛克菲勒之后最成功的石油总裁之一，更是所有员工学习的榜样。他雷厉风行，绝不向压力屈服，富有责任感。同时，他还有一个很重要的人生信条：自动自发、立即行动。

高效的行动会完全改变你的职业和生活状态。心理学中有一个定律，叫作跨栏定律，说的是对于一定的阻碍，只要你跨过去了，就会有更多的空间。快速行动也是这样一种带有突破性的力量。

在行动的同时还要注意一点：注意身边的机会并及时地抓住它。机会往往可遇而不可求，好的机会可以让事情事半功倍。因此，如果想让行动行之有效，机会也是一个推手。

第二节　兴趣是梦想的导师

发现兴趣所在

每个人都要明确自己的兴趣点是什么。一个人的兴趣与所处的环境有很大的关系，首先是因为成长的大环境对于兴趣的无法形容的影响。

比尔·盖茨成长于美国硅谷，那个年代正是科技迅猛发展的时期。耳濡目染，比尔·盖茨也逐渐喜欢上了大人们研究的那些炫目的高科技。比尔·盖茨的父亲钟爱机械和汽车，但显然，比尔·盖茨对这些不感兴趣，他更喜欢的是父亲向他展示的汽车里的电子设备。也许，这就是兴趣的启蒙，对什么着迷，什么就是自己的兴趣。

后来，他的邻居朗做的碳精话筒更是颠覆了比尔·盖茨的想象，他喜欢这些神奇的东西。于是，他自己也开始研究这些电子设备，也用这些电子设备搞一些恶作剧，比如，在家中设置设备去偷听其他房间里的声音。在此之后，他与同样沉迷于电子科技的沃兹结识，两个人一起研究，一起搞恶作剧。

比尔·盖茨从对于电子设备的痴迷到后来成立微软公司，一直以来，兴趣都在推动着他。他的兴趣是在小时候的环境中培养出来，并且通过日后不断地实践逐渐地坚定起来。所以说，

兴趣是职业的导师，它会引导你选择你会投入全部精力的职业，推动你在职业中积极努力，最后能够有所成就。

兴趣有助于激发主动性

兴趣是指对事物喜好或关切的一种情绪。心理学家将“兴趣”定义为人们力求认识某种事物和从事某项活动的意识倾向。爱因斯坦说：“兴趣是最好的老师。”一个人只有对某一事物产生了兴趣，才会自觉地调动积极性和主动性去探索、研究与完成。

2000年，美国科学家郝伯特·克勒默获得了诺贝尔物理学奖。克勒默研究物理，完全是因为他高中时的兴趣，他喜欢学习物理，尤其是理论物理。这种兴趣让他对研究痴迷，他在接受采访时甚至说道：“科学已经成为我的唯一。”

对于那些对研究不感兴趣的人来说，看见它就像看见了天书，估计睡觉的兴趣会更大。而对于那些对它感兴趣的人来说，探索它是一件很有乐趣与挑战性的事情。兴趣会激发他们的主动性与积极性，达到忘我的境界，就如同居里夫人对镭元素废寝忘食的研究。

迪士尼公司的创始人沃尔特·迪士尼就是因为兴趣才会画出闻名世界的米老鼠，如果没有兴趣的支撑，他很可能早就半途而废了。在创办公司之前，沃尔特曾在一家名叫普雷斯曼·鲁宾的广告公司打工。公司的老板对沃尔特的评价是：“我认为你不适合做这份工作，你没有绘画天赋。”沃尔特很快就被解雇了，但被解雇后的沃尔特依然对绘画有着浓厚的兴趣，为了绘画，他废寝忘食，经过不断的努力，他终于将兴趣变成了成功的事业，自己也得到了“米老鼠之父”的头衔。

由此可见，如果有兴趣做保障，工作起来的状态会更加投入，更容易得到事半功倍的效果；反之，则会缺少了激情和动力。

将性格、能力与兴趣相结合

在现实生活中，如果在选择职业的时候单单考虑兴趣，未免不切合实际。在以兴趣为基础的标准上，还要考虑到个人的能力与性格。

每个人都具有不同的性格特点和能力特长。首先，要对自己有个明确的认识，这是非常有必要的。自我认识包括对自己一般状况、性格特点以及社会关系的认识。要想准确地设定目标，就要对自己有个准确的认识。在进行自我审视时，首先要对自己的情况进行一下归纳总结，然后，问一下身边的人，看他们是如何评价自己的，两相对比，看看是否一致。如果一致，那说明你对自己的认识很准确；如果观点未一致，则要考虑真实情况究竟是怎样的。当一个人把性格、能力与兴趣完美地结合在一起后，在选择职业方向的时候，要将这些因素综合考虑，能够有效地选择到适合自己的职业。

第三节　时刻保持生活激情

激情是奋斗的动力

对生活要充满激情，一句话、一个表情、一个态度都可以给人激动人心的力量。无论是工作还是学习，精神状态是可以相互感染的，正因为如此，如果你每天都以饱满的热情出现在家庭或学校，或社会上的任何一个场合时，你身边的人都会深受你精神面貌的鼓舞，对所做的事情也会充满激情。

拿创业的人来说，无论是创业初期，还是项目的初始阶段，都会出现一段艰难的过程。每当有反对的声音出现时，成功的人总是很有激情地与之对抗。对此，他们的态度是："激情的创意或者想要纠正的错误都会是意志力的源泉，有了它们，就会有毅力和动力。"

激情对于每个人来说，就像是他身后的影子。微软公司的董事长比尔·盖茨在接受媒体采访时曾很坦诚地赞叹他的竞争对手苹果公司的总裁乔布斯："正是乔布斯的工作激情使他在 1997 年重回苹果后，使苹果公司'起死回生'，苹果公司当时就是一个烂摊子，如果没有乔布斯的激情与努力，它很难重新崛起。"

同时，比尔·盖茨自己也认为，最重要的职业素质是对工作的热情，不是责任、能力及其他。微软公司人力资源部门的主管说："在招聘新人时，一个首要的标准就是他应该是一个非常有激情的人—对公司有激情，对技术有激情，对工作有激情；可能具体到某一个工作岗位上，你会觉得奇怪：怎么会聘用这么一个人，他在这个行业涉猎不深，年龄也不大，但是，他的激情让你和他谈完之后受到感染，并愿意给他一个机会。”

如果说一个人的成功有很多的因素，那么，富有激情的工作与生活绝对是其中很重要的一个。

激情需要抛弃杂念

很多人想要做一件事却又瞻前顾后、犹豫不决。有时候，一个好点子突然蹦了出来，你当时很兴奋，而过后却又畏首畏尾、思前想后，最终认定它不可行而抛弃了。结果，后来某一日，这个点子成功地出现在了众人的视线中，可是，它的创立者却不是你。成功有时候也需要你奋不顾身的激情与勇敢。

华人成功学大师陈安之曾经上过这样一节课。在大四时，他报名参加了一个成功学培训班，导师正是著名的潜能激励大师安东尼·罗宾。一次课上，安东尼将学员们带到了训练场，学员们惊奇地发现，训练场上多了一条20米长的红色跑道，当然，那不是用涂料涂成的红色，而是用炭火铺成的路，炭火燃着猩红的火光，在上面铺着一块铁板。只是用眼睛看，都可以想象到这铁板会有多烫。然而，安东尼却要求学员们脱下袜子，光着脚跑过铁板。天哪，这怎么可能！陈安之试着用脚碰了一下铁板，瞬间的热度让他赶紧把脚缩了回来。他趁着没有人注意，偷偷地跑到了队伍的最后。旁边的两个女生看到他畏畏缩缩的样子，哈哈大笑起来。陈安之的脸腾地红了，他瞬间爆发出一

股勇气，走到了前面，脱掉了袜子，一脚踏上铁板，一鼓作气地跑过了全程。事后，他还能回忆起当时兴奋的感觉，原来做事情真的是需要不顾一切的激情。

安东尼·罗宾设置这个项目就是为了说明：成功需要不顾一切的激情。过多的考虑有时候会让人变得胆怯与退缩，抛弃这样、那样的杂念，不顾一切地去做，激情会推动你前行，你不伸出手，又怎么知道盒子里的巧克力是什么味道的呢?

激情可以带动人的主动性，让工作富有成效。因而，时刻保持激情的工作状态是一件大有裨益的事情。

到了一个新的生活环境之后，为了适应陌生的环境，人们斗志昂扬，再苦再累似乎都是甘之如饴。最终，人们对新环境越来越熟悉，做得越来越顺手的时候，它不再具有挑战性。最初的兴奋与满足被随之而来的安逸乏味感所取代，生活内容一成不变，人们也就会对人生失去热情。很多人放弃生活的理由就是在生活中找不到满足感，没有什么挑战性。

出现了这种情况之后，多数人的做法就是依靠不停地更换工作来保持那份新鲜感。显然，这种做法是不可取的。频繁地更换工作岗位，甚至更换行业，这对于一个人的职业发展是弊大于利的。许多用人单位在看到这样的应聘者时，大多数都不会聘用，因为这样的人才不够稳定，也不够专业。对于用人单位本身而言，它一定不希望辛辛苦苦招聘到的员工没干两天就撂挑子走人了，不仅消耗了人力和精力，又白白地浪费了时间。

其实最好的办法不是频繁地更换职业或行业，而是要在本职工作中不断地设立目标，进行自我挑战，让看似呆板乏味的工作变成不断追求卓越的过程。很多人都会有这样的感受，去爬山时，在向上攀爬的过程中，总是干劲儿十足，在登顶后，经过短暂的兴奋愉悦后，就变得茫然，不知道该做什么了。原因就是在攀爬的过程中，挑战与征服困难让人们饱

含激情。所以，在工作中也是一样，不断地设立目标，就像不断地向上攀爬着高山，随时保持着勇往直前的干劲儿。而且，在这个不断追求卓越的过程中，个人能力也得到了提升，这不失为一个一箭双雕的好方法。

要有“好战”精神

“好战分子”总是恐怖的代名词，喜好战争，不断地挑起斗争，让人不得安宁。但是，如果在学习工作中有一些“好战”精神，也不失为一件好事，“好战”在这里的意思并不是指打架斗殴，而是向人们传递了一种不屈不挠、永不妥协与放弃的精神。

前苹果总裁乔布斯就是个典型的“好战”分子，作家金错刀在《管理日志——史蒂夫·乔布斯》中称他为“狠”字当头的“角斗士”。乔布斯本人也称自己的团队为“海盗团队”，在乔布斯这个海盗头目的领导下，Mac 团队的行事风格就像一群海盗一样。

乔布斯是个不肯吃亏的人，即便是在言语上也是如此。事件起源于 Mac 小组的研发成员在电脑展会上碰见了亚当·奥斯本——世界上第一台商业销售的便携式电脑 Osborne1 的发明者。这个奥斯本也是个嚣张的、爱挑衅的人，看见了他们，自然忘不了来一番挑衅之词，大意就是：自己发明的电脑会比 Mac 有更好的销售成绩，还故意让他们将这些话告诉乔布斯。这些小组成员也很听话，回去之后，将事件一五一十地告诉了乔布斯。乔布斯脾气暴躁，一听到这些话，立刻愤怒了，直接一个电话拨到了奥斯本的办公室。奥斯本很幸运，因为不在办公室，没能和乔布斯来个正面交锋。乔布斯不甘心，传话给奥斯本说：“亚

当，你这个混蛋！听说你对Mac还挺有兴趣的，你可以给你儿子买两台，虽然它好得一定会让你的公司破产。”一年之后，奥斯本公司真的倒闭了。

通过上面的故事可以看出，乔布斯是一个从来都不知道妥协、认定的事情就一定会坚持到底的人，就算遭遇到困境，也不甘心屈服，他的这种斗士之气在很多时候是值得人们学习的。做什么事情都会遇到些挫折，遭遇到不顺就丧失了激情，日日萎靡不振，又谈何成功呢？所以，在遭遇不如意的时候，不妨学学乔布斯的“好战”精神，做个勇敢的斗士。

调整心态，懂得自我满足

多数人缺乏激情都是由于心态导致的。有一个良好的心态，在面对工作学习的时候，就会有工作的积极性和热情。

想要培养良好的心态，首先就要对自己的角色进行准确的定位。当角色定位过高时，工作内容相对而言会显得单调、乏味，缺乏挑战性，从而认为在岗位上工作是大材小用、价值得不到体现，常常怨天尤人、不甘心，对待工作也就粗心大意、不认真；当角色定位过低时，工作内容相对而言会变得复杂、难做，没有信心完成工作内容，进而胆怯、萎靡，缺乏进取之心。所以，在工作时，要对自己的工作能力给予客观的评价，可以用所做的成绩来进行考量，切不可自以为是或妄自菲薄。

其次，在遇到压力时，要合理宣泄，释放压力。减压有很多种方法，比如做运动、听音乐等，做你喜欢的事情，将压力释放掉，不要让它成为压弯脊背的稻草。

最后，要懂得自我满足。在完成一个目标后，要对自己有肯定的态度。懂得自我满足的人才会快乐。有了快乐，才会有激情去面对接下来的生活。

第四节　选择强大的敌人激励自己

“恨”也是一种力量

选择强大的敌人意味着你有勇气变得像他一样强。一直以来，人们都在宣扬榜样的力量。其实，选择一个强大的敌人来激励自己也是一种有效的方式，有时候，说不定“恨”比“爱”更为深刻呢。我们还是拿乔布斯的事例来探讨这个问题。

乔布斯一生对于两个敌人的“恨意”颇深，一个是他的老对手微软公司，另一个就是让他欢喜让他忧的苹果公司。

乔布斯总是会时不时对微软公司进行“挑衅”。20 世纪 90 年代，微软独占鳌头，压制住了苹果公司的发展。而乔布斯也不甘心屈居人下，他凭借着软件上的突破同微软展开竞争。在那个时候的人们看来，乔布斯的挑战无疑是拿鸡蛋碰石头，而且，他有时候冒出来的豪言壮语看起来也像是个不自量力的笑话。但是，反转就是这样发生的，2000 年，苹果公司迅速发展，市值已经达到当时戴尔公司的 8 倍。

由此可见，强大的敌人也是激发潜能的有力武器。

乔布斯第二个记恨的就是把他赶出去的苹果公司，他强烈地想要向苹果证明自己，以此来报复它的抛弃。

在新公司 NeXT 即将召开发布会推出新产品时，乔布斯就在全体员工面前扬言要实现复仇计划，狠狠地打击斯卡利和苹果。

无论这次报复行动的结果如何，乔布斯之所以能够在失败后清晰冷静地重新奋斗，并且还依然保有激昂之心，在这里面，对苹果公司的恨也有很大的功劳吧。

所以说，“恨”意味着想要超越，想要比他人更强，这也是一种催人奋进的力量。

选择合适的敌人

教育心理学专家维果斯基提出一个理论“最近发展区”。该理论认为，学生的发展有两种水平：一种是学生的现有水平，指的是独立活动时所能达到的解决问题的水平；另一种是学生可能的发展水平，也就是通过教学所获得的潜力。两者之间的差异就是最近发展区。教学应着眼于学生的最近发展区，为学生提供带有难度的内容，调动学生的积极性，发挥其潜能，超越其最近发展区而达到下一发展阶段的水平，然后在此基础上进行下一个发展区的发展。

同样可将此理论套用到选择自己合适的目标敌人上。发展会有两种水平：一种是现有资源，即自身的能力水平；另一种就是我们选择的目标敌人的发展水平。

这两者之间的差异就是人们可努力奋斗的发展空间。在选择能够激励自己的敌人时，要考虑好这个能力区间，太小则缺少动力，太大则目标遥遥无期，不够理智。能够选择正确的敌人，才能有准确的动力。

有野心，也要有强大的底气

目标远大固然是好事，但是，只有目标就不是什么好现象了。抛开自身的实力，而定下一个倾尽一生也不可能实现的目标，并不是理智的行为。苹果公司之所以敢向微软公司挑战，除了勇气之外，还有一个原因就是苹果公司有着能与微软公司抗衡的技术实力。

所以，将强大的对手视为自己需要对抗的目标时，自身的努力与奋斗将是实现这个目标的基石。没有这个作为基础，有再大的野心，也只是没有打好地基的高楼大厦，随时会有倒塌的危险。

向对手学习

既然认定了一个强大的人作为自己的对手，那么他就一定有自己钦佩的地方和之所以变得强大的理由，而这，恰恰是需要学习的地方。

沃尔玛公司的创始人山姆•沃尔顿是世界著名富豪之一。创业之初，他的目标就是要成为行业中的佼佼者。他每天早上四点半起来工作，以热情和积极的行动力来提供一流的服务，当他有空闲时间时，就不断地研究他的竞争对手。他不时地跑到竞争对手的店里，看看他们做了哪些事情，哪里比自己做得好。每当他发现竞争对手做得比他好时，他就立刻想出一个应对的方法，超越他的竞争对手。

盲目地“嫉妒和恨”是无用的，要在这种“恨”中寻找真正的理由，

学习强者的优势，将它变为你的优势，这才是智者的做法。

第五节　坚信走出萎靡的现状

一　遇到麻烦不要绕开

在生活中遇到难以解决的问题时，最好的办法不是从它的身边绕过去，而是着手去解决它。困难不是一个人可以扔掉的东西，不解决它，它就还会回来。在现实生活中，没有人会喜欢“麻烦”二字。但是每个人又不可避免地会遇到麻烦。遇到麻烦的事情，人们的第一反应都是能够敬而远之就尽量不要引火烧身，而没有其他的解决方法。能简则简的解决方式并无异议，就怕简化到直接无视了这个麻烦的事。

事情都是有因有果，一环扣着一环的，有些事虽然表面上看起来没有什么联系，但是该出现的问题总是能不期而至。举一个最简单的例子，考试之前有个知识点没看，内心默默地祈祷了半天，结果，考试卷子一发，那个知识点还是被考到了。所以，在工作或者生活中也是同样的道理，麻烦不解决始终是个麻烦存在着，日后对自身的发展还是一个阻力。

至少有一次获取成功的经历

在遇到麻烦的事情时，首先要做的不是怨天尤人，更不要敬而远之，而是考虑有没有能够解决这个麻烦的方法。可以简化它，然后解决它，但不可以无视它、逃避它。

卡洛斯·赫鲁是墨西哥卡尔索联合企业集团的总裁，他是拉丁美洲最富有的商人。卡洛斯的父亲在年轻的时候很努力，在去世后，留给他的子女一笔很丰厚的遗产。但是，卡洛斯对于他父亲的钱没有兴趣，他更感谢的是他父亲自身教给他的如何去挣钱的方法，正是父亲一生的坎坷经历让卡洛斯获益匪浅。卡洛斯的成功原因除了一直以来对待事物的冷静与激情外，还在于对他的国家始终保持着自信，他在接受媒体采访时说："墨西哥无论在怎样的危难之中都会屹立不倒，如果对这个国家有信心，任何时候合理的投资都会收获相应的报酬。"

没有什么困难能够战胜坚定的信心。如果想要拥有一颗坚定的信心，就至少要有一次取得成功的经历。所以，不要畏惧失败，朝着自己想要去的方向奋斗，不要小看任何一次微小的成功，每一次成功都是一次信心的积累。如果想要培养自信心，不管做的事情是大是小，都要全力以赴地追求成功，因为每一次成功的经验都是在为你日后的发展铺垫的基础。

自己相信才能让他人信服

英国著名诗人麦修·阿诺德说："一个人除非自己有信心，否则无法带给他人信心；信服自己的人，方能使人信服。"所以，当你想说服他人给你实践的机会时，你自己要第一个做自己的忠实粉丝。

1482年，达·芬奇31岁，只身从故乡来到了米兰。为了应

聘军事工程师的岗位，他写了一封求职信，收信人正是米兰的最高统治者米兰大公鲁多维柯斯弗查。这封求职信正是颇有名气的《致米兰大公书》，内容如下：

尊敬的大公阁下：

来自佛罗伦萨的作战机械发明者达·芬奇，希望成为阁下的军事工程师，同时求见阁下，以便面陈机密：

一、我能建造坚固、轻便又耐用的桥梁，可用来野外行军。这种桥梁的装卸非常方便。我也能破坏敌军的桥梁。

二、我能制造出围攻城池的云梯和其他类似设备。

三、我能制造一种易于搬运的大炮。可用来投射小石块，犹如下冰雹一般，可以给敌军造成重大损失和混乱。

四、我能制造出装有大炮的铁甲车，可用来冲破敌军密集的队伍，为我军的进攻开辟道路。

五、我能设计出各种地道，无论是直的还是弯的，必要时还可以设计出在河流下面挖的地道。

六、倘若您要在海上作战，我能设计出多种适宜进攻的兵船，这些兵船的防护力很好，能够抵御敌军的炮火攻击。

此外，我还擅长建造其他民用设施，同时擅长绘画和雕塑。

有人认为上述任何一项我办不到的话，我愿在您的花园，或您指定的其他任何地点进行试验。

向阁下问安！

达·芬奇

不知道各位读过这封求职信后会不会给予达·芬奇一个机会。反正，米兰大公收到此信后不久，就召见了达·芬奇。在短暂的面试后，正式聘用他为军事工程师，待遇十分优厚。

这封求职信之所以能够被米兰大公所认可，除了针对了对方的迫切需求之外，最主要的一点就是充满了自信，达·芬奇在信中连续用了“我能”来展现自己的实力，而且不给他人怀疑自己能力的机会。这样的一份自信就足以让人给予他一个面试的机会来证明自己的实力。

克服恐惧和自卑

恐惧是与生俱来的一种情绪。职场上的恐惧多数来自于对所做事情不了解与不擅长，故而当你要挑战它时，就会产生恐惧之心。所以，解决它的办法就是探索与学习。我们在变换新的环境或者工作任务时，也会有恐惧与担心的心态，适应新环境总是需要一个过程，任何时候都急不得，慌乱是职场的大忌。

福特汽车公司是全球最大的汽车生产厂商之一，创始人亨利·福特被称为“为世界装上轮子的人”。正是他一手开发出了世界上第一条生产流水线，从此，世界汽车工业革命拉开了序幕。亨利·福特在一次采访中曾说：“能还是不能，在一些失败者心中，选择哪一个都是正确的。”

想要成功改变，第一个条件是相信自己能，而往往让人说“不能”的两个阻碍就是恐惧与自卑。

自卑就像恐惧的孪生兄弟，当人们恐惧一样事情的时候，自卑之心会让人更加退缩。每个人都或多或少有自卑的情绪。有时候，轻微的自卑还会促使人进步。但是，过多的自卑情绪只会让人畏首畏尾，胆小怯懦。都没有勇气尝试又怎么会成功？这时候，可以从小事开始一点点地积累成功的经验，一点点地克服自卑的情绪和心理，注重积累，只要有改变之心，就会变得更好。